建筑业农民工

抹

建设部人事教育司组织编写

中国建筑工业出版社

图书在版编目(CIP)数据

抹灰工/建设部人事教育司组织编写. —北京：中国
建筑工业出版社，2007
（建筑业农民工业余学校培训教材）
ISBN 978-7-112-09642-8

Ⅰ. 抹… Ⅱ. 建… Ⅲ. 抹灰工-技术培训-教材
Ⅳ. TU754.2

中国版本图书馆 CIP 数据核字(2007)第 160411 号

建筑业农民工业余学校培训教材

抹 灰 工

建设部人事教育司组织编写

*

中国建筑工业出版社出版、发行(北京西郊百万庄)
各地新华书店、建筑书店经销
北京天成排版公司制版
北京书林印刷厂印刷

*

开本：787×1092 毫米　1/32　印张：4⅜　字数：98 千字
2007 年 11 月第一版　2015 年 9 月第八次印刷
定价：**11.00** 元
ISBN 978-7-112-09642-8
(26489)

本书是依据国家有关现行标准规范并紧密结合建筑业农民工相关工种培训的实际需要编写的，主要内容包括：抹灰工程概述，抹灰工程的常用材料，施工准备，墙面抹灰，顶棚抹灰，地面抹灰，饰面块材，细部抹灰，季节施工与安全以及质量检测与评定标准等。本书内容简单明了，语言通俗易懂。

　　本书可以作为建筑业农民工业余学校的培训教材，也可作为建筑业工人的自学读本。

＊　　　＊　　　＊

　　责任编辑：朱首明　吕小勇
　　责任设计：董建平
　　责任校对：陈晶晶　王雪竹

建筑业农民工业余学校培训教材
审定委员会

建筑业农民工业余学校培训教材
编写委员会

主　编：孟学军

副主编：龚一龙　朱首明

编　委：（按姓氏笔画排序）

马岩辉	王立增	王海兵	牛　松
方启文	艾伟杰	白文山	冯志军
伍　件	庄荣生	刘广文	刘凤群
刘善斌	刘黔云	齐玉婷	阮祥利
孙旭升	李　伟	李　明	李　波
李小燕	李唯谊	李福慎	杨　勤
杨景学	杨漫欣	吴　燕	吴晓军
余子华	张莉英	张宏英	张晓艳
张隆兴	陈葶葶	林火桥	尚力辉
金英哲	周　勇	赵芸平	郝建颀
柳　力	柳　锋	原晓斌	黄　威
黄水梁	黄永梅	黄晨光	崔　勇
隋永舰	路　明	路晓村	阚咏梅

序　言

农民工是我国产业工人的重要组成部分，对我国现代化建设作出了重大贡献。党中央、国务院十分重视农民工工作，要求切实维护进城务工农民的合法权益。为构建一个服务农民工朋友的平台，建设部、中央文明办、教育部、全国总工会、共青团中央印发了《关于在建筑工地创建农民工业余学校的通知》，要求在建筑工地创办农民工业余学校。为配合这项工作的开展，建设部委托中国建筑工程总公司、中国建筑工业出版社编制出版了这套《建筑业农民工业余学校培训教材》。教材共有 12 册，每册均配有一张光盘，包括《建筑业农民工务工常识》、《砌筑工》、《钢筋工》、《抹灰工》、《架子工》、《木工》、《防水工》、《油漆工》、《焊工》、《混凝土工》、《建筑电工》、《中小型建筑机械操作工》。

这套教材是专为建筑业农民工朋友"量身定制"的。培训内容以建设部颁发的《职业技能标准》、《职业技能岗位鉴定规范》为基本依据，以满足中级工培训要求为主，兼顾少量初级工、高级工培训要求。教材充分吸收现代新材料、新技术、新工艺的应用知识，内容直观、新颖、实用，重点涵盖了岗位知识、质量安全、文明生产、权益保护等方面的基本知识和技能。

希望广大建筑业农民工朋友，积极参加农民工业余学校的培训活动，增强安全生产意识，掌握安全生产技术；认真学习，刻苦训练，努力提高技能水平；学习法律法规，知法、懂法、守法，依法维护自身权益。农民工中的党员、团员同志，要在学习的同时，积极参加基层党、团组织活动，发挥党员和团员的模范带头作用。

愿这套教材成为农民工朋友工作和生活的"良师益友"。

建设部副部长：黄卫

2007 年 11 月 5 日

前　言

随着建筑业的迅猛发展，对从事专业操作人员的数量需求大量增加，然而大量增加的人员大多数来自农村，农民工进城为城市建筑业增添了新鲜血液，但随之而来的就是建筑质量和要求在不断提高，而农民工的文化和技术水平低的矛盾。因此提高农民工操作技术水平的问题就成为了亟待解决的大问题。本书就是应建设部等五部委之约为广大农民的初、中级抹灰工培训和学习所编写的教材。由于本教材的对象是初、中级工人，所以技术范围涉及较低。既有基础知识，亦注重实际操作，是一本入门教材，旨在对初涉本行业及低等级的工人能尽快掌握抹灰工艺的相应技艺和进一步提高技能起到一定的作用。

本教材由李福慎主编，杨勤、余子华主审。在编写过程中得到建设部、中建总公司有关领导及同行的支持和帮助，参考了相关的文献，在此一并表示感谢！

本书分为十章，内容包括抹灰工程概述，抹灰工程的常用材料，施工准备，墙面抹灰，顶棚抹灰，地面抹灰，饰面块材，细部抹灰，季节施工与安全以及质量检测与评定标准等。

由于时间仓促，水平有限，若有不当之处，恳望赐教。

目　　录

一、抹灰工程概述

抹灰就是在建筑物的墙、地、顶、柱等的面层上，用砂浆或灰浆涂抹，以及用砂浆、灰浆作为粘结材料，粘贴饰面板、块材的工作过程。

抹灰是装修工作中一个重要的工作内容。随着建筑业的飞速发展，建筑市场上新材料、新工艺的不断出现，人们生活水平的提高，装饰标准、装饰档次的要求也不断更新。所以新形势对抹灰工程的操作程序和技术也有着新的、更高的质量要求。

抹灰又是一项工程量大、施工工期长、劳动力耗用比较多、技术性要求比较强的工种。要学习和掌握这一技术，不但要刻苦努力钻研本工种的基本功，而且要经过反复实践，积累丰富的实践经验。特别是要掌握一定的建筑材料的性能、材质、鉴别的知识，以及材料与季节性施工的基本知识和基本的操作程序、相关的施工规范等。

（一）抹 灰 的 作 用

简单地说，抹灰的作用不外乎两个：其一为实用，即满足使用要求；其二为美观，即要有一定的装饰效果。

具体地说，在室内通过抹灰可以保护墙体等结构层面，提高结构的使用年限，使墙、顶、地、柱等表面光滑洁净，便于清洗。起到防尘、保温、隔热、隔声、防潮、利于采光效果，甚至耐酸、耐碱、耐腐蚀、阻隔辐射等作用。

如室内的艺术抹灰（如灯光、灰线等）会给人一种艺术上的欣赏和档次上的享受；而室外抹灰，也可以使建筑物的外墙体得到保护，使之增强抵抗风、霜、雨、雪、寒、暑的能力；抹灰还可提高建筑物保温、隔热、隔声、防潮的能力，增加建筑物的使用年限。

（二）抹灰层的组成

由于多数砂浆在凝结硬化过程中，都有不同程度的收缩。这种收缩无疑对抹灰层与层间及抹灰层与基层间的粘结效果和抹灰层本身的质量效果均有不同程度的影响。为保证施工质量，克服和减小收缩对抹灰层的种种影响，在抹灰的施工中要分层作业。由于基层不同和使用要求不同，所分层数及用料亦有差别。

普通抹灰一般分为底层、中层、面层三层。底、中层砂浆每层厚度在 5～8mm；面层用纸筋灰或玻璃丝灰分两遍抹成，厚度应控制在 2～3mm 之间。总厚度为 20mm。

高级抹灰应分为底层、中层、面层，总厚度为 25mm。

二、抹灰工程的常用材料

（一）胶凝材料

1. 石灰

石灰是一种古老的建筑材料，其原料分布广泛，生产工艺简单，使用方便，成本低廉，属于量大面广的地方性建筑材料，目前广泛地应用于建筑工程中。石灰分为生石灰和熟石灰。石灰岩经煅烧分解，放出二氧化碳气体，得到的产品即为生石灰。生石灰为块状物，使用时必须将其变成粉末状，一般常采用加水消解的方法。生石灰加水消解为熟石灰的过程称为石灰的消解或熟化过程，俗称淋灰，淋灰工作要在抹灰工程开工前进行完毕。淋灰要设有淋灰池（图 2-1），池的尺寸大小可依工程量的大小而设定。淋灰的方法是把生石灰放入浅池后，在生石灰上浇水，使之遇水后体积膨胀，放热，粉化，而后随着水量的增加，粉化后的石灰逐渐变为浆体。浆体通过人工或机械的动力经过箅子的初步过滤后流入灰道，再经过筛子流入淋灰池进一步熟化沉淀，水分不断蒸发和渗走后即成为石灰膏。淋制好的石灰膏要求膏体洁白、细腻、不得有小颗粒，熟化时间不得少于 15 天，时间越长则熟化越充分。

熟化后的石灰称为熟石灰，其成分以氢氧化钙为主。根

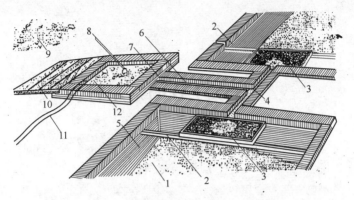

图 2-1　淋灰池

1—石灰膏；2—横木；3—孔径 3mm 的筛子；4—闸板；5—淋灰池；6—流灰沟；
7—1cm 筛孔灰箅子；8—灰镐；9—石灰；10—马道；11—水管；12—淋灰浅池

据加水量的不同，石灰可被熟化成粉状的消石灰、浆状的石灰膏和液体状态的石灰乳。

生石灰在熟化过程中会放出大量的热量，形成蒸汽，体积也将膨胀 1.5～2.0 倍。因此在淋灰时要严守操作规程，注意劳动保护。在估计熟石灰的贮器容积时，应充分考虑体积膨胀问题。

为保证石灰的充分熟化，进一步消除过火石灰的危害，必须将石灰在淋灰池内放置两周以上，这一储存期在工程上常称为"陈伏"。

石灰的硬化包括氢氧化钙的结晶与碳化两个同时进行的过程。

结晶，是指石灰浆中的水分在逐渐蒸发，或被砌体吸收后，氢氧化钙从饱和溶液中析出，形成结晶。

碳化，是指氢氧化钙吸收空气中的二氧化碳，生成不溶解于水的碳酸钙结晶，析出水分并被蒸发。空气中二氧化碳的含量很低，约为空气体积的万分之三，石灰的碳化作用也只发生在与空气接触的表面，表面碳化后生成的碳酸钙薄膜阻止二氧化碳向石灰内部的继续渗透，同时也影响石灰内部水分的蒸发，所以石灰的碳化过程十分缓慢。而氢氧化钙的结晶作用则主要是在内部发生，其过程也比碳化过程快得多。因此石灰浆体硬化后，是由表里两种不同的晶体组成的，氢氧化钙结晶连生体与碳酸钙结晶互相交织，使石灰浆体在硬化后具有强度。

石灰浆在干燥后，由于大量水分蒸发，将发生很大的体积收缩，引起开裂，因此一般不单独使用净浆，常掺加填充或增强材料，如与砂、纸筋、麻刀等混合使用，可减少收缩、节约石灰用量；加入少量水泥、石膏则有利于石灰的硬化。

2. 磨细生石灰粉

磨细生石灰粉，是用生石灰经磨细而成。它的用法与石灰膏基本相同。但因没有经过熟化，所以在拌制成灰浆或砂浆后的硬化过程中有消解和凝固两个步骤，由原来的分离而变为合二而一。所以大大提高了凝结速度，节省了硬化时间。并且在硬化过程中产生热量，温度升高，所以可在低温条件下施工，减少了原来在低温条件下施工，加热砂浆的麻烦。另外磨细生石灰粉呈粉状，施工后不会产生因石灰颗粒熟化不充分而在墙面上膨胀的现象。磨细生石灰粉为袋装，如果是在冬期施工使用，保存时一定要保持干燥、不受潮，以免消解过程提前进行，而使砂浆产生的热量降低或消失。

3. 石膏

石膏是一种具有很多优良性能的气硬性无机胶凝材料，是建材工业中广泛使用的材料之一，其资源丰富，生产工艺简单。

石膏的主要生产工序是加热煅烧和磨细，随加热锻烧温度与条件的不同，所得到的产品也不同，通常可制成建筑石膏和高强石膏等，在建筑上使用最多的是建筑石膏。

建筑石膏也称熟石膏。使用时，建筑石膏加水后成为可塑性浆体，但很快就失去塑性，以后又逐步形成坚硬的固体。

建筑石膏的凝结硬化速度很快，工程中使用石膏，可得到省工时、加快模具周转的良好效果。

石膏在硬化时体积略有膨胀，不易产生裂纹，利用这一特性可制得形状复杂、表面光洁的石膏制品，如各种石膏雕塑、石膏饰面板及石膏装饰件等。

石膏完全水化所需要的用水量仅占石膏重量的 18.6%，为使石膏具有良好的可塑性，实际使用时的加水量常为石膏重量的 60%～80%。在多余的水蒸发后，石膏中留下了许多孔隙，这些孔隙使石膏制品具有多孔性。另外，在石膏中加入泡沫剂或加气剂，均可制得多孔石膏制品。多孔石膏制品具有表观密度（容重）小、保温隔热及吸声效果好的特性。

石膏制品具有较好的防火性能。遇火时硬化后的制品因结晶水的蒸发而吸收热量，从而可阻止火焰蔓延，起到防火作用。

石膏容易着色，其制品具有较好的加工性能，这些都是工程上的可贵特性。石膏的缺点是吸水性强，耐水性差。石膏制品吸水后强度显著下降并变形翘曲，若吸水后受冻，则制品更易被破坏。建筑石膏在贮存、运输及施工中要严格注意防潮、防水，并应注意贮存期不宜过长。

4. 水玻璃

水玻璃又称泡花碱，是一种性能优良的矿物胶，它能够溶解于水，并能在空气中凝结硬化，具有不燃、不朽、耐酸等多种性能。

建筑使用的水玻璃，通常是硅酸钠的水溶液。

水玻璃能在空气中与二氧化碳反应生成硅胶，由于硅胶脱水析出固态的二氧化硅而硬化。这一硬化过程进行缓慢，为加速其凝结硬化，常掺入适量的促硬剂——氟硅酸钠，以加快二氧化硅凝胶的析出，并增加制品的耐水效力。氟硅酸钠的适宜掺量为水玻璃重量的 12%～15%。因氟硅酸钠具有毒性，操作时应注意劳动保护。凝结硬化后的水玻璃具有很高的耐酸性能，工程上常以水玻璃为胶结材料，加耐酸骨料配制耐酸砂浆、耐酸混凝土。由于水玻璃的耐火性良好，因此常用作防火涂层、耐热砂浆和耐火混凝土的胶结料。将水玻璃溶液涂刷或浸渍在含有石灰质材料的表面，能够提高材料表层的密实度，加强其抗风化能力。若把水玻璃溶液与氯化钙溶液交替灌入土壤内，则可加固建筑地基。

水玻璃混合料是气硬性材料，因此养护环境应保持干燥，存储中应注意防潮、防水，不得长期露天存放。

5. 水泥

水泥属水硬性无机胶凝材料。所谓水硬性无机胶凝材料，是指既能在空气中硬化，也能更好地在水中硬化并长久地保持或提高其强度的无机胶凝材料。这类材料既可用于干燥环境，同时也适用于潮湿环境及地下和水中工程。

水泥与适量水混合后，经物理化学过程，能由可塑性浆体变成坚硬的石状体，并能将散粒状材料胶结为整体的混凝土。

水泥的品种很多，一般按用途及性能可分为通用水泥、专用水泥和特性水泥三类。按主要水硬性物质名称又可分为硅酸盐类水泥、铝酸盐类水泥、硫铝酸盐类水泥等。建筑工程中应用最广泛的是硅酸盐类水泥（由于篇幅问题，本教材只简单介绍硅酸盐类水泥）。

（1）硅酸盐类水泥的主要性质

1）水泥的凝结和硬化

水泥加水拌和后，最初形成具有可塑性的浆体，然后逐渐变稠失去塑性，这一过程称为初凝，开始具有强度时称为终凝，由初凝到终凝的过程为凝结。终凝后强度逐渐提高并变成坚固的石状物体——水泥石，这一过程为硬化。

2）凝结时间

凝结时间是指水泥从加水拌和开始到失去流动性，即从可塑状态发展到固体状态所需要的时间。

水泥的凝结时间，通常分为初凝时间和终凝时间。初凝时间是从水泥加水拌和起，至水泥浆开始失去可塑性所需要的时间。终凝时间则是从水泥加水拌合起，至水泥浆完全失去可塑性并开始产生强度所需要的时间。

水泥的凝结时间在施工中具有重要意义。根据工程施工的要求，水泥的初凝不宜过早，以便施工时有足够的时间来完成的搅拌、运输、操作等，终凝不宜过迟，以便水泥浆适时硬化，及时达到一定的强度，以利于下道工序的正常进行，国家标准规定，硅酸盐水泥的初凝时间不得早于 45 分钟（min），一般为 1～3 小时（h），终凝时间一般为 5～8 小时（h），不得迟于 12 小时（h）。

3）强度

水泥的强度是水泥性能的重要指标。硅酸盐类水泥的强度主要取决于熟料的矿物成分、细度和石膏掺量。水泥的强度是用强度等级来划分的。国家标准《水泥胶砂强度检验方法》GB/T 17671—1999，规定了水泥强度的检验方法，即水泥与标准砂按 1：3 的比例配合，加入规定数量的水，按规定的方法制成标准尺寸的试件，在标准温度（20℃±2℃）水中养护后，进行抗折、抗压强度试验。根据 3 天、7 天和 28 天龄期的强度，可将各种不同水泥分为 32.5、32.5R、42.5、42.5R、52.5、52.5R、62.5、62.5R 等不同强度等级。

（2）硅酸盐类水泥的特性和适用范围

硅酸盐类水泥的特性、适用范围、不适用范围见表 2-1。

硅酸盐类水泥的特性、适用范围、不适用范围与强度等级　表 2-1

	硅酸盐水泥	普通水泥	矿渣水泥	火山灰水泥	粉煤灰水泥	复合水泥
特性	1. 快硬早强 2. 水化热高 3. 抗冻性好 4. 耐热性差 5. 耐腐蚀性较差	1. 早期强度较高 2. 水化热较高 3. 耐冻性较好 4. 耐热性较差 5. 耐腐蚀与耐水性较差	1. 早期强度低后期强度增长较快 2. 水化热较低 3. 耐热性较好 4. 耐硫酸盐侵蚀和耐水性较好 5. 抗冻性差 6. 易泌水 7. 干缩性大	1. 抗渗性好 2. 耐热性差 3. 不易泌水 其他同矿渣水泥	1. 干缩性较小 2. 抗裂性较好 3. 抗碳化能力差 其他同火山灰水泥	早期强度较高 其他性能与掺主要混合料的水泥相近（具体与混合料的品种、比例有关）
适用范围	1. 快硬早强工程 2. 配制高标号混凝土预应力构件 3. 地下工程的喷射里衬等	1. 一般工程中的混凝土及预应力钢筋混凝土结构 2. 受反复冰冻作用的结构 3. 拌制高强度混凝土	1. 高温车间和有耐热要求的混凝土结构 2. 大体积混凝土结构 3. 蒸汽养护的混凝土构件 4. 地上、地下和水中的一般混凝土结构 5. 有抗硫酸盐侵蚀要求的一般工程	1. 地下、水中大体积混凝土结构和有抗渗要求的混凝土结构 2. 蒸汽养护的混凝土构件 3. 一般混凝土结构 4. 有抗硫酸盐侵蚀要求的一般工程	1. 地上、地下、水中及大体积混凝土结构 2. 蒸汽养护的混凝土构件 3. 有抗硫酸盐侵蚀要求的一般工程	早期强度较高的工程 其他与掺主要混合料的水泥类似

	硅酸盐水泥	普通水泥	矿渣水泥	火山灰水泥	粉煤灰水泥	复合水泥
不适用范围	1. 大体积混凝土工程 2. 受化学水侵蚀及海水侵蚀的工程 3. 受压力水作用的工程	1. 大体积混凝土工程 2. 受化学水侵蚀及海水侵蚀的工程 3. 受压力水作用的工程	1. 早期强度要求较高的工程 2. 严寒地区处在水位升降范围的混凝土结构	1. 处在干燥环境的工程 2. 有耐磨性要求的工程 其他同矿渣水泥	有碳化要求的工程 其他同火山灰水泥	与主要合料的水泥类似 掺混
强度等级 (MPa)	42.5、42.5R、52.5、52.5R、62.5、62.5R	32.5、32.5R、42.5、42.5R、52.5、52.5R	32.5、32.5R、42.5、42.5R、52.5、52.5R	32.5、32.5R、42.5、42.5R、52.5、52.5R	32.5、32.5R、42.5、42.5R、52.5、52.5R	32.5、32.5R、42.5、42.5R、52.5、52.5R

(3) 水泥的运输与贮存

水泥在运输及贮存过程中，须按不同品种、强度等级、出厂日期等分别运存，不得混杂。散装水泥要分库存放，袋装水泥的堆放高度不应超过 10 袋。水泥的贮存时间不宜太长，因为即使是在条件良好的仓库中存放，水泥也会因吸湿而失效。水泥一般在贮存了三个月后，其强度约降低 10%～20%，六个月后约降低 15%～30%，一年后约降低 25%～40%，因此水泥的贮存期一般不宜超过三个月（从出厂之日算起）。

水泥最易受潮，受潮后的水泥表现为结成块状，密度减小，凝结速度缓慢，强度降低等。若受雨淋，则产生凝固，水泥失去原有的效能。

为避免水泥受潮，在运输、贮存等各环节均应采取防潮措施。运输时，应采用散装水泥专用车或棚车为运输工具，以防雨雪淋湿，避免水泥直接受潮。贮存时，袋装水泥要求仓库不得发生漏雨现象，水泥垛底离地面 30cm 以上，水泥垛边离开墙壁 20cm 以上，对于散装水泥的存放，应将仓库地面预先抹好水泥砂浆层。

（二）骨　　料

1. 砂

砂又分普通砂和石英砂两类。

（1）石英砂

石英砂主要产于福建平潭，常被称为福建平潭石英砂，其为石英石风化或破碎而成的白色颗粒，质地坚硬、耐腐蚀性强，但价格较高，常用来制作白色及彩色水泥砂浆的骨料、耐酸砂浆的骨料，以及做砂浆的强度实验等。

石英砂依生成方式不同，分为天然石英砂和人工石英砂两种。天然石英砂由于经过天然风化，棱角较圆滑，在砂浆中使用时便于操作，但强度及耐腐蚀性等不及人工石英砂。人工石英砂又分为机械石英砂和手工石英砂两种，其中以手工石英砂质量为好。

（2）普通砂

普通砂使用范围较广，依产源不同可分为山砂、海砂和河砂；依粒径可分为粗砂、中砂、细砂和面砂。

山砂是受自然环境的影响由山石风化而得，山砂颗粒的强度相对低；海砂由于含有盐分，在使用前要除盐，所以使用有限；河砂洁净，颗粒圆滑，质地坚硬，使用方便，所以其是抹灰和砌筑及配制混凝土的理想骨料。

粗砂粒径在 0.5mm 以上；中砂粒径为 0.35～0.5mm；细砂粒径为 0.25～0.35mm；粒径在 0.25mm 以下的为面(特细)砂。抹灰应使用中砂，但中粗砂结合更好。细砂在某些特殊情况下(修补、勾缝)才能用到；面砂由于粒径过小，拌制的砂浆收缩率大、易开裂，不宜使用。砂子在使用前应挑去杂质，且过筛。

2. 石子

抹灰用的石子主要有豆石和色石渣。

(1) 豆石

豆石是制作豆石楼地面的粗骨料，也是制作豆石水刷石的材料。抹灰所用豆石的粒径以 5～8mm 为宜。

(2) 色石渣

色石渣是由大理石、方解石等经破碎、筛分而成，按粒径不同可分大八厘、中八厘、小八厘、米厘石等。大八厘的粒径为 8mm，中八厘的粒径为 6mm，小八厘的粒径为 4mm，2～4mm 粒径为米厘石。另外，在制水磨石地面时还专用较大粒径的色石渣。常见的有大一分(一勾)粒径为 10mm，一分半(一勾半)粒径为 15mm，大二分(两勾)粒径为 20mm，大三分(三勾)粒径为 30mm 等。色石渣是制作干粘石、水刷石、水磨石、剁斧石、扒拉石等的水泥石子浆的骨料。

3. 纤维材料

纤维材料在抹灰层中起拉结和骨架作用，能增强抹灰层的拉结能力和弹性。使抹灰层粘结力增强，减少裂纹和不易脱落。

(1) 麻刀

麻刀以洁净、干燥、坚韧、膨松的麻丝为好，使用长度为 2～3cm。使用前要挑出掺杂物，如草树的根叶等，并抖掉尘土，然后用竹条等有弹性的细条状物抽打松散以备用。

12

（2）纸筋

纸筋是面层灰浆中的拉结材料，分为干、湿两种。干纸筋在使用前要挑去杂质，打成小碎块，在大桶内泡透。泡纸筋的桶内最好要放一定量的石灰，搅拌成石灰水。

（3）玻璃丝

玻璃丝也是抹灰面层的拉结材料。用玻璃丝搅拌的灰浆洁白细腻，造价较低，比较经济，拉结力强，耐腐蚀性能好，搅和容易，使用长度以 1cm 为宜。但玻璃丝灰浆涂抹的面层容易有压不倒的丝头露出，刺激皮肤，所以多用在工业建筑的墙面和居住建筑中高于人身触及的部位。玻璃丝较轻，风吹易飞扬，所以在进场后的堆放时要在上面浇些水，或加覆盖保护。在搅拌玻璃丝灰浆时，操作人员要有相应的劳动保护措施。另有一种矿渣棉，其使用方法同玻璃丝。

（三）其他材料

1. 饰面板、块材料

（1）大理石

大理石强度适中，色彩和花纹比较美丽，光洁度高，但耐腐蚀性差，一般多用于高级建筑物的内墙面、地面、柱面、台面等部位装饰，亦有少数品种耐腐蚀性较好（艾叶青、汉白玉）可用于室外装饰。

（2）花岗石

花岗岩经加工后的建筑材料或制品称花岗石，花岗石的耐腐蚀能力及抗风化能力较强，强度、硬度均很高，抛光后板材光洁度很高，颜色、品种亦较多，是高级装饰工程室内、外的理想面材。

（3）面砖

面砖是由陶土坯挂釉经烧制而成，其质地坚硬，耐腐蚀、抗风化力均较强。可用于室内外墙面、柱面檐口、雨篷等部位。因为面砖是经烧制而成的，在煅烧中因受热程度不同，可能产生砖的尺寸和颜色、形状等方面的差异，所以面砖在进场后，使用前要进行选砖。选砖时颜色的差别可通过目视的方法；变形的误差可通过目视与尺量相结合的方法。

（4）瓷砖

瓷砖由其基体多有微毛细孔，质地比较松脆，不及面砖坚实，所以只是一种室内装饰材料。一般多用于厨房、卫生间的墙、柱和化验室的台面、墙裙等部位。其规格一般多为 152mm×152mm 和 98mm×98mm 两种，也有长方形的特殊尺寸砖，但比较少见。瓷砖进场后，施工前的准备工作基本与面砖相同。瓷砖依不同部位的需要有许多相应配套的瓷砖及瓷砖配件（图 2-2），如：阴角条、阳角条、压顶条、

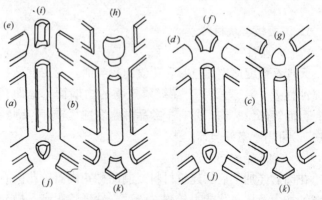

图 2-2 瓷砖及配件

（a）平边（方口砖）；（b）两边圆；（c）一边圆；（d）阳角件；（e）压顶条；（f）阴阳五角；（g）阳三角；（h）压顶阳角；（i）压顶阴角；（j）阴三角；（k）阴五角

压顶阴角、压顶阳角、阴三角、阳三角、阴五角、阳五角、方边砖、圆边砖(分一边圆、两边圆)等。

(5) 预制水磨石板

预制水磨石板,有普通本色板和白水泥板及彩色水泥水磨石板。水磨石板主要用于地面的铺贴,也可粘贴柱面、墙裙、台面等。其价格比大理石、花岗石板经济得多。可用于一般学校、商店、办公楼等建筑。

(6) 通体瓷砖

通体瓷砖简称通体砖,是由陶土烧制而成的陶瓷制品。其表面多不挂釉,类似品种亦有釉面砖和通体抛光砖等。这类砖耐腐蚀、耐酸碱能力都很强,质地比较坚硬,耐久性好。因此,可用于室外墙面、檐口、花台、套口及室内地面等部位。

(7) 缸砖

缸砖是一种质地比较坚硬,档次较低,价格便宜的地面材料。一般多用于要求不高的厨房、卫生间、仓库、站台的地面,踏步等部位。另外,面砖、瓷砖、预制水磨石板、通体瓷砖、缸砖等面层块材因为是经烧制或预制而成,在煅烧、制作中可产生砖的尺寸、颜色、形状等方面的差异。所以面砖在进场后,使用前要进行选砖。选砖时颜色的差别可通过目视的方法;变形的误差可通过目视与尺量相结合的方法;尺寸大小的误差和方正与否可通过自制的选砖样框来挑选。选砖样框(图 2-3)是用一块短脚手板头或宽度大于砖体

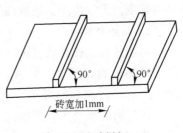

图 2-3　选砖样框

尺寸的厚木板，长度随意。在板上钉两根相互平行，间距大于砖边 1mm，刨直的靠尺或米厘条长度一般与板宽相同或略长。选砖时，把面砖放在两直条间的木板上，徐徐从一边推进，从另一边拉出，同时目测每一块通过的面砖与选砖样框的缝隙要同样大小。如果缝隙过大，说明砖的尺寸小；如果通不过去说明砖尺寸大。大砖、小砖和标准砖要分别堆放，不要搞混。如果把面砖靠紧在选砖样框的一边木条上，则另一边的木条与面砖边棱产生的缝隙大小均匀一致，说明在这个方向上面砖是方的。如果缝隙产生一头大，一头小的现象，则说明面砖在这个方向是不方整的。如果所使用的面砖是正方形时，可用一个选砖样框，分别进行两个方向的测量；如果所使用的面砖是长方形时，要制作两个不同间隔尺寸木条的选砖样框，分别对面砖进行两个方向测量。在制作两个样框时可借用一块木板，贴邻钉制。

(8) 陶瓷锦砖

陶瓷锦砖(俗称马赛克)为陶瓷制品，所以耐酸、耐碱、耐腐蚀能力均较强，且质地坚硬。可用于室外墙面、花池、雨篷、套口、腰线及室内的地面等许多部位。因其色彩不退，经久耐用，颜色丰富，图案多样，价格亦不高，所以常被采用。陶瓷锦砖的进场库存一定要注意防潮，万一受潮将导致脱纸而无法使用，造成损失。

2. 其他材料

由于抹灰工作比较复杂，灰浆种类繁多，所以要用到许多附属的材料，例如：乳液、108 胶、903 胶、925 胶、界面剂胶、云石胶、勾缝剂、水玻璃、防水剂(粉)、防冻剂等。在材料的准备中，要依设计要求，有计划地、适时地进场，并按产品说明要求妥善保管。

三、施工准备

（一）机具准备

抹灰工作比较复杂，不仅劳动量大，人工耗用多，同时也会用到相应的机械和手工工具。所需的机械和工具必须要在抹灰开始前准备就绪。

1. 常用机械

（1）砂浆搅拌机（图 3-1）

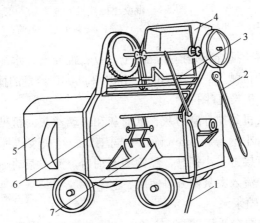

图 3-1　砂浆搅拌机

1—水管；2—上料操纵手柄；3—出料操纵手柄；4—上料斗；
5—变速箱；6—搅拌斗；7—出灰门

砂浆搅拌机是用来搅拌各种砂浆的机械。一般常见的为200L和325L容量搅拌机。

（2）混凝土搅拌机（图3-2）

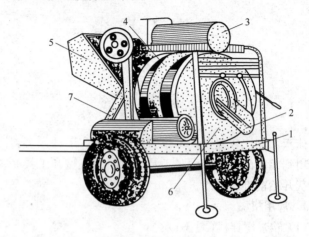

图3-2　混凝土搅拌机

1—支架；2—出料槽；3—水箱；4—齿轮；5—料斗；6—鼓筒；7—导轨

混凝土搅拌机是搅拌混凝土，豆石混凝土，水泥石子浆和砂浆的机械。一般常用的为400L和500L容量的搅拌机。

（3）灰浆机（图3-3）

灰浆机是搅拌麻刀灰、纸筋灰和玻璃丝灰的机械。灰浆机均配有小钢磨和3mm筛，共同工作。经灰浆机搅拌后的灰浆，直接进入小钢磨，经钢磨磨细后，流入振动筛中，经振筛后，流入大灰槽方可使用。

（4）喷浆泵

喷浆泵分手压（图3-4）和电动两种类型，用于水刷石施工的喷刷，各种抹灰中基面、底面的润湿，及拌制干硬水泥砂浆时加水。

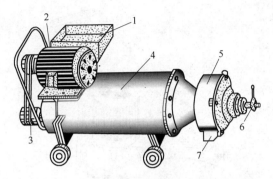

图 3-3 灰浆机

1—进料口；2—电动机；3—皮带；4—搅拌筒；

5—小钢磨；6—螺栓；7—出料口

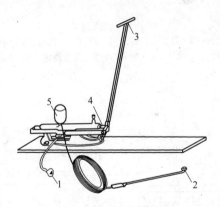

图 3-4 手压喷浆泵

（5）水磨石机（图 3-5）

水磨石机是用于磨光水磨石地面的机械，可分立面和平面两种类型，为采用磨石研磨的机具，现亦有采用树脂磨片研磨的机具。

（6）无齿锯（图 3-6）

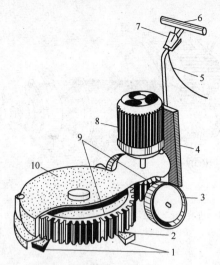

图 3-5 水磨石机

1—磨石；2—磨石夹具；3—行车轮；4—机架；5—电缆；
6—扶把；7—电闸；8—电动机；9—变速齿轮；10—防护罩

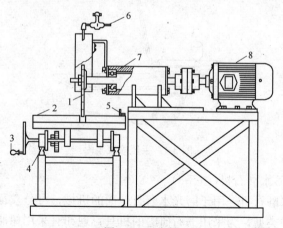

图 3-6 无齿锯

1—锯片；2—可移动台板；3—摇手柄；4—导轨；
5—靠尺；6—进水阀；7—轴承；8—电动机

无齿锯是用于切割各种饰面板块的机械。

（7）云石机（图3-7）

云石机即为便携式无齿锯，作用与无齿锯相同。

（8）卷扬机

卷扬机是配合井字架和升降台一起完成抹灰中灰浆的用料、用具的垂直运输机械。

图 3-7　云石机

2. 手工工具

（1）抹子（图3-8）

抹子按地区不同分为方头和尖头两种；按作用不同分为普通抹子和石头抹子。普通抹子分铁抹子（打底用），钢板抹子（抹面、压光用）。普通抹子有7.5寸、8寸、9.5寸等多种型号。石头抹子是用钢板做成的，主要是在操作水磨石、水刷石等水泥石子浆时使用，除尺寸比较小（一般为5.5～6寸）外，形状与普通抹子相同。

（2）压子（图3-9）

图 3-8　抹子　　　　　　　图 3-9　压子

压子是用弹性较好的钢制成的。主要是用于纸筋灰等面层的压光。

（3）鸭嘴（图3-10）

鸭嘴有大小之分，其主要用于小部位的抹灰、修理。如

21

外窗台的两端头、双层窗的窗档、线角喂灰等。

（4）柳叶（图3-11）

图 3-10　鸭嘴　　　　　　　图 3-11　柳叶

柳叶用于微细部位的抹灰，及用工时间长，而用灰量极小的工作。如堆塑花饰、攒线角等。

（5）勾刀（图3-12）

勾刀是用于管道、暖气片背后用抹子抹不到，而又能看到的部位抹灰的特殊工具，多为自制。可用带锯、圆锯片等制成。

（6）塑料抹子（图3-13）

塑料抹子外形同普通抹子。可制成尖头或方头。一般尺寸比铁抹子大些。主要是抹纸筋等罩面时使用。

图 3-12　勾刀　　　　　　　图 3-13　塑料抹子

（7）塑料压子（图3-14）

塑料压子用于纸筋灰面层的压光，作用与钢压子相同，但在墙面稍干时用塑料压子压光，不会把墙压糊（变黑）。这一点优于钢压子，但弹性较差，不及钢压子灵活。

（8）阴角抹子（图3-15）

阴角抹子是抹阴角时用于阴角部位压光的工具。

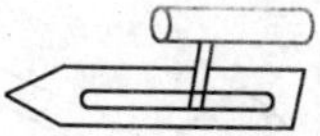

图 3-14　塑料压子

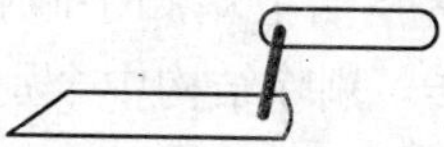

图 3-15　阴角抹子

(9) 阳角抹子(图 3-16)

阳角抹子是用于大墙阳角、柱、窗口、门口、梁等处阳角捋直捋光的工具。

(10) 护角抹子(图 3-17)

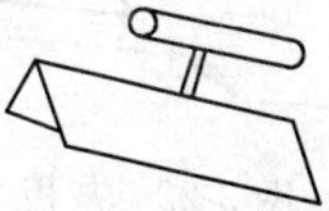

图 3-16　阳角抹子

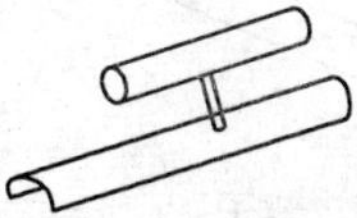

图 3-17　护角抹子

护角抹子是用于纸筋灰罩面时，捋门窗口、柱的阳角部位水泥小圆角，及踏步防滑条、装饰线等的工具。

(11) 圆阴角抹子(图 3-18)

圆阴角抹子俗称圆旮旯，是用于阴角处捋圆角的工具。

(12) 划线抹子(图 3-19)

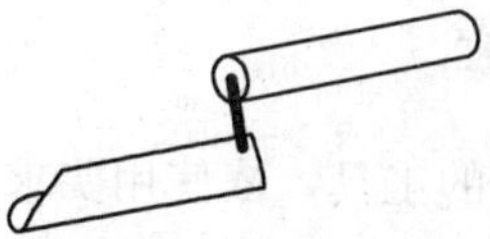

图 3-18　圆阴角抹子

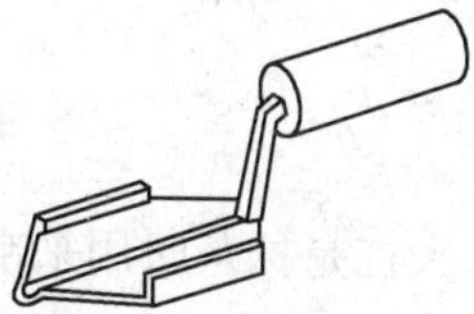

图 3-19　划线抹子

划线抹子，也叫分格抹子、劈缝溜子，是用于水泥地面刻画分格缝的工具。

(13) 刨锛(图 3-20)

刨锛是墙上堵脚手眼打砖，零星补砖，剔除结构中个别凸凹不平部位，及清理的工具。

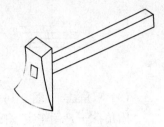

图 3-20　刨锛

（14）錾子（图 3-21）

錾子是剔除凸出部位的工具。

（15）灰板（图 3-22）

图 3-21　錾子

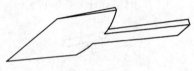

图 3-22　灰板

灰板是抹灰时用来托砂浆之用，分为塑料灰板和木质灰板。

（16）大杠（图 3-23）

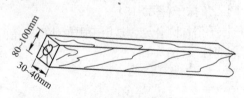

图 3-23　大杠

大杠是抹灰时用来刮平涂抹层的工具，依使用要求和部位不同，一般有 1.2～4m 等多种长度，又依材质不同有铝合金、塑料、木质和木质包铁皮等多种类型。

（17）托线板（图 3-24）

托线板，俗称弹尺板、吊弹尺。主要是用来做灰饼时找垂直和用来检验墙柱等表面垂直度的工具。一般尺寸为 1.5

～2cm 厚，8～12cm 宽，1.5～3m 长（常用的为 2m）。亦有特制的 60～120cm 的短小托线板，托线板的长度要依工作内容和部位来决定。一般工程上有时要用到多种长度不同的托线板。

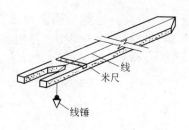

图 3-24　托线板

(18) 靠尺（图 3-25）

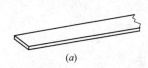

(a)

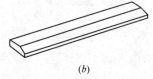

(b)

图 3-25　靠尺

(a)方靠尺；(b)八字靠尺

靠尺是抹灰时制作阳角和线角的工具。分为方靠尺（横截面为矩形）、一面八字尺和双面八字靠尺等类型。长度视木料和使用部位不同而定。

(19) 卡子（图 3-26）

卡子，是用钢筋或有弹性的钢丝做成的工具，主要功能是用来固定靠尺。

(20) 方尺（图 3-27）

图 3-26　卡子

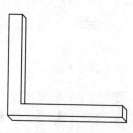

图 3-27　方尺

方尺，是测量阴阳角是否方正的量具，分为钢质、木质、塑料等多种类型。使用部位不同尺寸亦不同。

（21）木模子（图3-28）

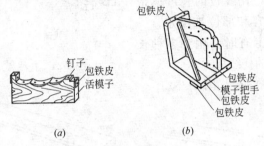

图3-28　木模子

(a)活模；(b)死模

木模子，俗称模子，是扯灰线的工具。一般是依设计图样，用2cm厚木板划线后，用线锯锯成形，经修理和包铁皮后而成。

（22）木抹子（图3-29）

木抹子，是抹灰时，对抹灰层进行搓平的工具，有方头和尖头之分。

（23）木阴角抹子（图3-30）

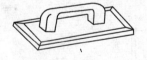

图3-29　木抹子

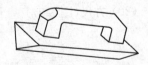

图3-30　木阴角抹子

木阴角抹子，俗称木三角，是对抹灰时底子灰的阴角和面层搓麻面的阴角搓平、搓直的工具。

（24）缺口木板（图3-31）

缺口木板，是用于较高的墙面做灰饼时找垂直的工具。其由一对同刻度的木板与一个线坠配合工作，作用相当于托线板。

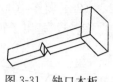

图 3-31　缺口木板

(25)米厘条(图 3-32)

米厘条，简称米条，为抹灰分格之用。其断面形状为梯形，断面尺寸依工程要求而各异。长度依木料情况不同而不等。使用时短的可以接长，长的可以截短。使用前要提前泡透水。

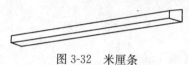

图 3-32　米厘条

(26)灰勺(图 3-33)

灰勺，是用于舀灰浆、砂浆的工具。

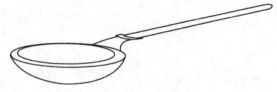

图 3-33　灰勺

(27)墨斗(图 3-34)

墨斗，是找规矩弹线之用，亦可用粉线包代替。

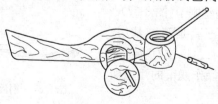

图 3-34　墨斗

（28）剁斧（图3-35）

剁斧，是用于斩剁假石的工具。

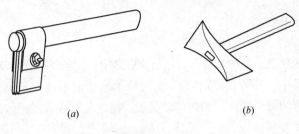

（a）　　　　　　　　　　　（b）

图 3-35　剁斧

（29）刷子（图3-36）

刷子，是用于抹灰中带水、水刷石清刷水泥浆、水泥砂浆面层扫纹等的工具，分为板刷、长毛刷、鸡腿刷和排刷等类型。

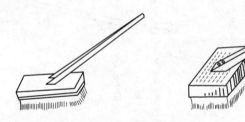

图 3-36　刷子

（30）钢丝刷子（图3-37）

钢丝刷子，是清刷基层，及清刷剁斧石、扒拉石等干燥后由于施工操作残留的浮尘而用的工具。

图 3-37　钢丝刷子

（31）小炊把（图 3-38）

小炊把，是用于打毛、甩毛或拉毛的工具，可用毛竹劈细做成，也可以用草把、麻把代替。

（32）金刚石（图 3-39）

金刚石，是用来磨平水磨石面层的工具，分人工用或机械用，又按粗细粒度不同分为若干号。

图 3-38 小炊把

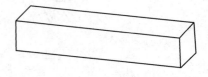

图 3-39 金刚石

（33）滚子（图 3-40）

滚子是用来滚压各种抹灰地面面层的工具，又称滚筒。经滚压后的地面可以增加密实度，也可把较干的灰浆辗压至表面出浆便于面层平整和压光。

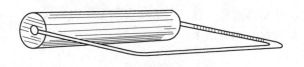

图 3-40 滚子

（34）筛子（图 3-41）

抹灰用的筛子按用途不同可分为大、中、小三种，按孔隙大小可分为 10mm 筛、8mm 筛、5mm 筛、3mm 筛等多种孔径筛，大筛子一般用于筛分砂子、豆石等，中、小筛子多为筛分干粘石等用。

图 3-41　筛子

（35）水管

水管是浇水润湿各种基层、底、面层等的输水工具。除输水胶管外，还有塑料透明水管，在抹灰工程中常以小口径的透明水管为抄平工具，其准确率高，误差极小。

（36）其他工具

其他工具是指一些常用的运送灰浆的两轮、独轮小推车，大、小水桶，灰槽、灰锹、灰镐、灰耙及检查工具的水平尺、线坠等多种工具。由于在实际工作中都要用到，所以要一应齐备，不可缺少。

（二）现场准备和基层处理

1. 现场准备

抹灰开始前，要依施工组织平面设计图上标注的位置，安装好砂浆搅拌机、混凝土搅拌机、台式无齿锯（依工程需要）、灰浆机、卷扬机和升降台。且接通电源，安好电闸箱，接通水源。搅拌机前要用水泥砂浆提前抹出一块灰盘或铺好铁板。从搅拌机到升降台之间和升降台上口到抹灰现场的通道要铺设平整和清理干净。如果有不安全的因素，一定要按规定提前作好防护，如施工洞口等要铺板和挂网等。室外作业的脚手架要检查、验收，探头板下要设加平杆，架子要有护栏和挂网，并且护栏的下部要有竖向的挡脚板。架子要牢固，不能有不稳定感，以保证操作安全。对结构工程进行严格验收，并对所要安装的钢、木门、窗进行检验，主要检查其位置、标高、尺寸等是否正确，缝隙是否合适，质量是否符合要求，对门框下部的保护措施是否做好。检查水电管线等是否安装完毕，埋墙管是否突出墙面或松动，位置是否正确。检查地漏的位置、标高是否正确。检查管口处的临时封闭是否严密，以免发生抹灰时被落下的砂浆堵塞的现象，以及穿线管口是否用纸塞好。检查电线盒突出墙面是否过高，以免影响抹灰。并依距顶、柱、墙的距离搭设好架子，钉好马凳，铺好脚手板。

2. 基层处理

抹灰开始前要对结构进行严格验收。对个别凹凸不平处要进行剔平、补齐。脚手眼要堵好。对基层要进行湿润，湿润要依据季节不同而分别处理，对不同基层要有不同的浇水量。对预制板顶棚缝隙应提前用三角模吊好，灌注好细石混凝土，且提前用 1∶0.3∶3 混合砂浆勾缝。如果是板条或苇箔吊顶要检查其缝隙宽度是否合适和有无钉固不牢现象，对于轻型、薄型混凝土隔墙等，要检查其是否牢固，缝隙要提前用水泥砂浆或细石混凝土灌实。门窗口的缝隙要在做水泥护角前用 1∶3 水泥砂浆勾严。检查配电箱、消防栓的木箱背面钉的钢网有无松弛、起鼓现象，如有要钉牢。现浇混凝土顶如有油渍，应先用 10% 的火碱水清洗，再用清水冲净。

墙体等表面有凹凸不平处应提早剔平或用砂浆补齐。面层过光的混凝土要凿毛后，用水泥 108 胶聚合物浆刮糙或甩毛，隔天养生。

（三）技 术 准 备

抹灰工程的技术准备，主要是对图纸的审核，认真看图，关键部位要记熟。依照工期决定人员数量，在几个队组共同参与施工的前提下，技术负责人应认真向施工人员作好安全技术交底，作好队组分工。有交叉作业时作好安全合理的交叉和有节律的流水施工。根据具体情况制定出合理的施工方案。一般要遵从先室外后室内，从上至下的顺序来施工。使整个工程合理地、有条不紊地、科学地进行，以保证工程的优质。

四、墙面抹灰

抹灰工程由于部位、基层的不同，所用的砂浆也不同。如墙基层分普通黏土砖墙、蒸汽砖墙、泡沫加气混凝土墙、陶粒砖(板)墙、石墙、混凝土墙、木板条墙等。相应的砂浆也有水泥砂浆、石灰砂浆、混合砂浆等多种。虽然种类繁多，但抹灰的技术操作也有其共性，都要经过挂线、做灰饼、充筋等找规矩的工作。再依据灰饼的厚度做好门、窗口护角，抹好踢脚、窗台。然后可依据做好的灰饼进行充筋、装档、刮平、搓平等一系列打底工作。最后再进行罩面压光，养护等工作。学习抹灰就要掌握抹灰工作的一系列施工程序和对不同基层的不同处理方法，以及特殊的基层处理方法。

（一）砖墙石灰砂浆打底类型抹灰

砖墙抹灰分为抹石灰砂浆和水泥砂浆。砖墙抹石灰砂浆分石灰砂浆打底，纸筋灰罩面；石灰砂浆打底，石灰砂浆罩面；石灰砂浆打底，石膏浆罩面等多种。砖墙抹水泥砂浆一般面层多采用水泥砂浆抹面。但就打底而言，虽然面层不同，但其操作程序基本相似。

操作工艺顺序：浇水湿润、做灰饼、挂线→充筋、装档→作门窗护角→窗台→踢脚→罩面。

1. 浇水湿润、做灰饼、挂线

浇水湿润墙基层的作用是使抹灰层能与基层较好地连接避免空鼓的重要措施，浇水可在做灰饼前进行，亦可在做完灰饼后第二天进行。浇水一定要适度，浇水多者容易使抹灰层产生流坠、变形，凝结后造成空鼓；浇水不足者，在施工中砂浆干得过快，粘结不牢固，不易修理，进度下降，且消耗操作者体能。

做灰饼、挂线的方法是依据用托线板检查墙面的垂直度和平整度来决定灰饼的厚度。如果是高级抹灰，不仅要依据墙面的垂直度和平整度，还要依据找方来决定灰饼的厚度。

做灰饼时要在墙两边距阴角 10～20cm 处，2m 左右的高度各做一个大小为 5cm 见方的灰饼。再用托线板挂垂直，依上边两灰饼的出墙厚度，在与上边两灰饼的同一垂线上，距踢脚线上口 3～5cm 处，各做一个下边的灰饼。要求灰饼表面平整不能倾斜、扭翘，上下两灰饼要在一条垂线上。然后在所做好的四个灰饼的外侧，与灰饼中线相平齐的高度各钉一个小钉。在钉上系小线，要求线要离开灰饼面 1mm，并要拉紧。再依小线做中间若干灰饼。中间灰饼的厚度也应距小线 1mm 为宜。各灰饼的间距可以自定。一般以 1～1.5m 左右为宜。上下相对应的灰饼要在同一垂线上，灰饼的操作如图 4-1 所示。

如果墙面较高(3m 以上)时，要在距顶部 10～20cm，距两边阴角 10～20cm 的位置各做一个上边的灰饼，而后上、下两人配合用缺口木挂垂直做下边的灰饼。由于墙身较高，上下两饼间距比较大，可以通过挂竖线的方法在中间适当增加灰饼(图 4-2)，方法同横向挂线。

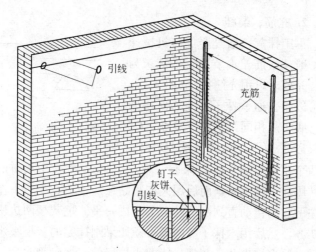

图 4-1　灰饼挂线充筋示意

图 4-2　用缺口木板做灰饼示意

2. 充筋、装档

手工抹灰一般充竖筋，机械抹灰一般充横筋。本节以手工抹灰为例。充筋时可用充筋抹子(图 4-3)，也可以用普通铁抹子。充筋所用砂浆与底子灰相同，本节所述以 1∶3石灰砂浆为例。具体方法是在上、

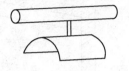

图 4-3　充筋抹子

下两个相对应的灰饼间抹上一条宽 10cm，略高于灰饼的灰梗，用抹子稍压实，而后用大杠紧贴在灰梗上，上右下左或上左下右的错动直到刮至与上下灰饼一平。把灰梗两边用大杠切齐，然后用木抹子竖向搓平。如果刚抹完的灰梗吸水较慢时，要多抹出几条灰梗，待前边抹好的灰梗已吸水后，从前开始向后逐条刮平，搓平。

装档可在充筋后适时进行。若过早进行，充的筋太软在刮平时易变形，若过晚进行，充筋已经收缩，依此收缩后的筋抹出的底子灰收缩后易出现墙面低洼，充筋处突出的现象。所以要在充筋稍有强度，不易被大杠轻刮而产生变形时进行。一般约为 30 分钟(min)左右，但要具体依现场情况(气候和墙面吸水程度)而定。装档要分两遍完成，第一遍薄薄抹一层，视吸水程度决定抹第二遍的时间。第二遍要抹至与两边充筋一平。抹完后用大杠依两边充筋，从下向上刮平。刮时要依左上→右上→左上→右上的方向抖动大杠。也可以从上向下依左下→右下→左下→右下的方向刮平。如有低洼的缺灰处要及时填补后刮平。待刮至完全与两边筋一平时，稍待用木抹子搓平。在刮大杠时一定要注意所用的力度，只把充筋作为依据，不可把大杠过分用力的向墙里捺，以免刮伤充筋。如果有刮伤充筋的情况，要及时先把伤筋填

补上灰浆修理好后方可进行装档。待全部完成后要用托线板和大杠检查垂直、平整度是否在规范允许范围内。如果数据超出规范时，要及时修理。要求底子灰表面平整，没有大坑、大包、大砂眼；有细密感、平直感。

3. 护角

抹墙面时，门窗口的阳角处为防止碰撞而损坏，要用水泥砂浆做出护角。方法是先在门窗口的侧面抹1：3水泥砂浆后，在上面用砂浆反粘八字尺或直接在口侧面反卡八字尺。使外边通过拉线或用大杠靠平的方法与所做的灰饼一平、上下吊垂直，然后在靠尺周边抹出一条5cm宽，厚度依靠尺为据的一条灰梗。用大杠搭在门窗口两边的靠尺上把灰梗刮平，用木抹子搓平。拆除靠尺刮干净，正贴在抹好的灰梗上，用方尺依框的子口定出稳尺的位置，上下吊垂直后，轻敲靠尺使之粘住或用卡子固定。随之在侧面抹好砂浆。在抹好砂浆的侧面用方尺找出方正，划捺出方正痕迹，再用小刮尺依方正痕迹刮平、刮直，用木抹子搓平，拆除靠尺，把灰梗的外边割切整齐。待护角底子六七成干时，用护角抹子在做好的护角底子的夹角处将一道素水泥浆或素水泥略掺小砂子(过窗纱筛)的水泥护角。也可根据需要直接用1：3水泥砂浆打底，1：2.5水泥砂浆罩面的压光口角。单抹正面小灰梗时要略高出灰饼2mm，以备墙面的罩面灰与正面小灰梗一平(图4-4)。

在抹水泥砂浆压光口角(护角)时，可以在底层水泥砂浆抹完后第二天抹面层1：2.5水泥砂浆，也可在打底完稍收水后即抹第二遍罩面砂浆。在抹罩面灰时，阳角要找方，侧面(膀)与框交接部的阴角，要垂直，要与阳角平行。抹完后用刮尺刮平，用木抹子搓平，用钢抹子溜光。如果吸水比较

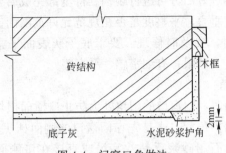

砖结构

木框

底子灰　　　　水泥砂浆护角　　2mm

图 4-4　门窗口角做法

快，要在搓木抹子时适当洒水，边洒水边搓，要搓出灰浆来，稍收水后用钢板抹子压光，用阳角抹子把阳角捋光。随手用干刷子把框边残留的砂浆清扫干净。

4. 窗台

室内窗台的操作往往是结合抹窗口阳角一同施工，也可以随做护角时只打底，而后单独进行面板和出檐的罩面抹灰，但方法相同。

具体做法是先在台面上铺一层砂浆，然后用抹子基本摊平后，就在这层砂浆上边反粘八字靠尺，使尺外棱与墙上灰饼一平，然后依靠尺在窗台下的正面墙上抹出一条略宽于出檐宽度的灰条。并把灰条用大杠依两边墙上的灰饼刮平，用木抹子搓平，随即取下靠尺贴在刚抹完的灰条上，用方尺依窗框的子口定出靠尺棱的高低，靠尺要水平。确认无误后要粘牢或用卡子卡牢靠尺，随后依靠尺在窗台面上摊铺砂浆，用小刮尺刮平，用木抹子搓平，要求台面横向（室内）要用钢板抹子溜光，待稍吸水后取下靠尺，把靠尺刮干净再次放正在抹好的台面上。要求尺的外棱边突出灰饼，突出的厚度等于出檐要求的厚度。另外取一方靠尺，要求尺的厚度也要等于窗台沿要求的厚度。把方靠尺卡在抹好的正面灰条上，高低位置要比台面低出相当于出沿宽度的尺寸，一般为5～6cm。如果房间净空高度比较低，也可以把出沿缩减到4cm宽。台面上的靠尺要用砖压牢，正面的靠尺要用卡子卡稳。这时可在上下尺的缝隙处填抹砂浆。如果砂浆吸水较慢，可以先薄抹一层后，用干水泥粉吸一下水。刮去吸水后的水泥粉，再抹一层后用木抹子搓平，用钢抹子溜光。待吸水后，用小靠尺头比齐，把窗台两边的耳朵上口与窗台面一平切齐，用阴角抹子捋光。取下小靠尺头再换一个方向把耳朵两边出头切齐。一般出头尺寸与沿宽相等，即两边耳朵要呈正方形。最后用阳角抹子把阳角捋光，用小鸭嘴把阳角抹子捋过的印迹压平。表面压光，沿的底边要压光。室内窗台一般用1∶2水泥砂浆。

5. 踢脚、墙裙

踢脚、墙裙一般多在墙面底子灰施工后，罩面纸筋灰施工前进行施工。也可以在抹完墙面纸筋灰后进行施工。但这时抹墙面的石灰砂浆要抹到离踢脚、墙裙上口3～5cm处切直切齐。下部结构上要清理干净，不能留有纸筋灰浆。这样施工比较麻烦，而且影响墙面美观。因为在抹完踢脚、墙裙后要接补留下的踢脚、墙裙上口的纸筋灰接槎，只有在不得已情况下，如为抢工期等才采用该施工方法。具体做法是根据灰饼厚度，抹高于踢脚或墙裙上口3～5cm的1∶3水泥砂浆（一般墙面石灰砂浆打底要在踢脚、墙裙上口留3～5cm，这样恰好与墙面底子灰留槎相接），作底子灰。底子灰要求刮平、刮直、搓平，要与墙面底子灰一平并垂直。然后依给定的水平线返至踢脚、墙裙上口位置，用墨斗弹上一周封闭的上口线。再依弹线用纸筋灰略掺水泥的混合纸筋灰浆把专用的 5mm 厚塑料板粘在弹线上口，高低以弹线为准，平整用大杠靠平，拉小线检查调整。无误后，在塑料板下口与底子灰的阴角处用素水泥浆抹上小八字。这样做的目的是，既能稳固塑料板，又能使抹完的踢脚、墙裙在拆掉塑料板后上口好修理，修理后上棱角挺直、光滑、美观。在小八字抹完吸水后，随即抹 1：2.5 水泥砂浆，厚度与塑料板平齐，竖向要垂直。抹完后用大杠刮平，如有缺灰的低洼处要随时补齐后，再用大杠刮平，而后用木抹子搓平，用钢板抹子溜光，如果吸水较快，可在搓平时，边洒水边搓平，如果不吸水则要在抹面时分成二遍抹，抹完第一遍后用干水泥吸过水刮掉，然后再抹第二遍。在吸水后，面层用手指捺，手印不大时，再次压光。然后拆掉塑料板，将上口小阳角用靠尺靠住(尺棱边与阳角一平)。用阴角抹子把上口捋光。取掉靠尺后用专用的踢脚、墙裙阳角抹子，把上口边捋光捋直，用抹子把捋角时留下的印迹压光。把相邻两面墙的踢脚、墙裙阴角用阴角抹子捋光。最后通压一遍。踢脚和墙裙要求立面垂直，表面光滑平整，线角清晰、丰满、平直，出墙厚度均匀一致。

6. 纸筋灰罩面

纸筋灰罩面应在底子灰完成第二天开始进行施工。罩面施工前要把使用的工具，如抹子、压子、灰槽、灰勺、灰车、木阴角、塑料阴角等刷洗干净。要视底子灰颜色而决定是否浇水润湿和浇水量的大小。如果需要浇水，可用喷浆泵从上至下通喷一遍，喷浇时注意踢脚、墙裙上口的水泥砂浆底子灰上不要喷水，这个部位一般不吸水。踢脚、窗台等最好用浸过水的牛皮纸粘盖严密，以保持清洁。罩面时应把踢脚、墙裙上口和门、窗口等用水泥砂浆打底的部位，用水灰比小一些的纸筋灰先抹一遍。因为这些部位往往吸水较慢。罩面应分两遍完成，第一遍竖抹，要从左上角开始，从左到右依次抹去，直到抹至右边阴角完成，再转入下一步架，依然是从左向右抹，第一遍要薄薄抹一层。用铁抹子、木抹子、塑料抹子均可以。一般要把抹子放陡一些刮抹，厚度不超过 0.5mm，每相邻两抹子的接槎要刮严。第一遍刮抹完稍吸水后可以抹第二遍。在抹第二遍前，最好把相邻两墙的阴角处竖向抹出一抹子纸筋灰。这样做的目的是既可以防止相邻墙面底子灰的砂粒进入抹好的纸筋灰面层中，又可以在抹完第一面墙后就能在压光的同时及时把阴角修好。在抹第二遍时要把两边阴角处竖向先抹出一抹子宽后，溜一下光，然后用托线板检查一下，如有问题及时修正好，再从上到下，从左向右横抹中间的面层灰。两层总厚度不超过 2mm，要求抹得平整，抹纹平直，不要划弧，抹纹要宽，印迹应轻。抹完后用托线板检查垂直度、平整度，如果有突出的小包可以轻轻向一个方向刮平，不要往返刮。有低洼处要及时补上灰，接槎要压平。一般情况下要按"少刮多填"的原则，能不刮的就不刮，尽量采用填补找平，全部修理好后要溜一遍光，再用长木阴角抹子把两边阴角捋直，用塑料阴角抹子溜光。随后，用塑料压子或钢皮压子把捋阴角的印迹压平，把大面通压一遍。这遍要横走抹子，要走出抹子花(即抹纹)来，抹子花要平直，不能波动或划弧，最好是通长走(从一边阴角到另一边阴角一抹子走过去)，抹子花要尽量宽，所谓"几寸抹子，几寸印"。最后把踢脚、墙裙等上口保护纸揭掉，把踢脚、墙裙及窗台、口角边用水泥砂浆打底的不易吸水部位修理好。要求大面平整，颜色一致，抹纹平直，线角清晰，最后把阳角及门、窗框上污染的灰浆擦干净交活。

7. 刮灰浆罩面

刮灰浆罩面比较薄，可以节约石灰膏。但一般只适用于要求不高的工程上。它是在底层灰浆尚未干，只稍收水时，用素石灰膏刮抹入底层中无厚度或不超过 0.3mm 厚度的一种刮浆操作。刮灰浆罩面的底子灰一定要用木抹子搓平。刮面层素浆时一定要适时，太早易造成底子灰变形，太晚则素浆勒不进底子灰中也不利于修理和压光。一般以底子灰在抹子抹压下不变形而又能压出灰浆时为宜。面层灰刮抹完后，随即溜一遍光，稍收水后，用钢板抹子压光即可。

8. 石膏灰浆罩面

石膏的凝结速度比较快，所以在抹石膏浆墙时，一般要在石膏浆内掺入一定量的石灰膏或菜胶、角胶等，以使其缓凝，利于操作。

石膏浆的拌制要有专人负责，随用随拌，一次不可拌和过多，以免造成浪费。拌制石膏浆时，要先把缓凝物和水拌成溶液。再用窗纱筛把石膏粉放入筛中筛在溶液内，边筛边搅动以免产生小颗粒。石膏浆抹灰的底层与纸筋灰罩面的底层相同，采用 1∶3 石灰砂浆打底。面层的操作一般为三人合作，一人在前抹浆，一人在中间修理，一人在后压光。面层分两遍完成，第一遍薄薄刮一层，随后抹第二遍，两遍要垂直抹，也可以平行抹。一般第二遍为竖向抹，因为这样利于三人流水作业。面层的修理、压光等方法可参照纸筋灰罩面。

9. 水砂罩面

水砂含盐，所以在拌制灰浆时要用生石灰现场淋浆，热浆拌制，以便使水砂中的盐分挥发掉。灰浆要一次拌制，充分熟化一周以上方可使用。水砂罩面亦为高级抹灰的一种，其面层有清凉、爽滑感。操作方法基本同石膏罩面，需要两人配合，一人在前涂抹，一人在后修理、压光。涂抹时用木抹子为好，特别是使用多次后的旧木抹子。压光则用钢板抹子。最后用钢压子压光，要边洒水边竖向压光，阴角部位要用阴角抹子捋光。要求线角清晰美观，面层光滑平整、洁净，抹纹顺直。

10. 石灰砂浆罩面

石灰砂浆罩面是在底层砂浆收水后立即进行或在底层砂浆干燥后，浇水润湿再进行均可。

石灰砂浆罩面的底层用1∶3石灰砂浆打底，方法同前。面层用1∶2.5石灰砂浆抹面。抹面前要视底子灰干燥程度酌情浇水润湿，然后先在贴近顶棚的墙面最上部抹出一抹子宽的面层灰。然后用大杠横向刮直，缺灰处及时补平，再刮平，待完全符尺时用木抹子搓平，用钢抹子溜光，然后在墙两边阴角同样抹出一抹子宽的面层灰，用托线板找垂直，用大杠刮平，木抹子搓平，钢抹子溜光。如果一面墙只有一人抹，墙面较宽，一次揽不过来时，可只先做左边阴角的一抹子宽灰条，等抹到右边时再先做右边灰条。抹中间大面时要以抹好的灰条作为标筋，一般是横向抹，也可竖向抹。抹时一抹子接一抹子，接槎平整，薄厚一致，抹纹顺直。抹完一面墙后，用大杠依标筋刮平，缺灰的要及时补上，用托线板挂垂直。无误后，用木抹子搓平，用钢板抹子压光，如果墙面吸水较快，应在搓平时，边洒水边搓，要搓出灰浆。压光后待表面稍吸水时再次压光。当抹子上去印迹不明显时作最后一次压光。相邻两面墙都抹完后，要把阴角用刷子甩水，将木阴角抹子端稳，放在阴角部上下通搓，搓直、搓出灰浆，而后用铁阴角抹子捋光，用抹子把通阴角留下的印迹压平。石灰砂浆罩面的房间一般门窗护角要做成用水泥砂浆直接压光的。可以随抹墙一同进行也可以提前进行。如果是提前进行，可参照护角的做法，但抹正面小灰梗条时要考虑抹面砂浆的厚度。如果是随抹墙一同做时，要在护角的侧面用1：2.5水泥砂浆反粘八字尺，使尺外棱与墙面面层厚度一致，然后吊垂直。抹墙时把尺周边5cm处改用1：2.5水泥砂浆，修理压光后取下八字尺刷干净，反贴在正面抹好的水泥砂浆灰条上，依框的子口用方尺决定靠尺棱的位置，挂吊垂直后卡牢，再抹侧小面(方法同前)。

（二）砖墙抹水泥砂浆

砖墙抹水泥砂浆一般多用在工业建筑和民宅的室外。在工业厂房或民宅室外抹水泥砂浆时，由于墙体的跨度大，墙身高，接槎多，所以施工有一定难度。特别是水泥砂浆吸水比较快，不便操作，所以要求操作者需要具有一定的技术水平、操作速度和施工经验。

操作工艺：浇水湿润→做灰饼、挂线→充筋、装档→镶米厘条→罩面。

1. 浇水湿润

砖墙抹水泥砂浆较之抹石灰砂浆对基层进行浇水湿润的问题更为关键。因为水泥砂浆比石灰砂浆吸水的速度快得多。有经验的技术工人可以依季节、气候、气温及结构的干湿程度等，比较准确的估计出浇水量。如果没有把握时，可以把基层浇至基本饱和程度后，夏季施工时第二天可开始打底；春、秋季施工时要过两天后进行打底。也可以根据浇水后砖墙的颜色来判断浇水的程度是否合适，这一问题实为经验问题，需要每一个从事抹灰工作的工人(青工)在今后的工作中多观察，多动脑，多向有经验的老工人请教。所谓抹水泥砂浆较难，其实就难在掌握火候(吸水速度)上。

2. 做灰饼、挂线

由于水泥砂浆抹灰往往在室外施工与室内抹灰比较，有跨度大、墙身高的特点。所以在做灰饼时要多采用缺口木板，做上、下两个，两边共四个灰饼。两边的灰饼做完后，要挂竖线依上下灰饼，做中间若干灰饼。然后再横向挂线做横向的灰饼。每个灰饼均要离线 1mm，竖向每步架不少于一个，横向以 1～1.5m 的距离为宜，灰饼大小为 5cm 见方，要与墙面平行，不可倾斜、扭翘。做灰饼的砂浆材料与底子灰相同，采用 1∶3 水泥砂浆。

3. 充筋、装档

充筋、装档可参照石灰砂浆的方法。由于外墙面极大，参与的施工人员多，可以用专人在前充筋，后跟人装档。充筋要有计划，在速度上，要与装档保持相应的距离；在量上，要以每次下班前能完成装档为准，不要做隔夜标筋。以及控制好充筋与装档的距离时间，一般以标筋尚未收缩，但装档时大杠上去不变形为度。这样形成一个小流水，比较有节奏，有次序，工作起来有轻松感。在装档打底过程中遇有门窗口时，可以随抹墙一同打底，也可以把离口角一周 5cm 及侧面留出来先不抹，派专人在后抹，这样施工比较快。门窗口角的做法可参考前边门窗护角做法。如遇有阳角大角要在另一面反贴八字尺，尺棱边出墙与灰饼一平，靠尺粘贴完要挂垂直，然后依尺抹平，刮平，搓平。做完一面后，翻尺正贴在抹好的一面，做另一面，方法相同。

4. 镶米厘条

室外抹水泥砂浆一般为了防止面积过大、不便施工操作和砂浆收缩产生裂缝，达到所需要的装饰效果等原因，常采用分格的做法。分格多采用镶米厘条的方法。米厘条的截面尺寸一般由设计而定。粘贴米厘条时要在打底层上依设计分格，弹分格线。分格线要弹在米厘条的一侧，不能居中，一般水平条多弹在米厘条的下口（不粘靠尺的弹在上口），竖直条多弹在米厘条的右边。而且也要和打底子一样，竖向在大墙两边大角拉垂直通线，线与墙底子灰的距离，和米厘条的厚度加粘米厘条的灰浆厚度一致。横向在每根米厘条的位置也要依两边大角竖线为准拉横线。粘米厘条时应该在竖条的线外侧、横条的线下依线先用打点法粘一根靠尺作为依托标准，而后再于其上（侧）粘米厘条，粘米厘条时先在米厘条的背面刮抹一道素水泥浆，而后依线或靠尺把米厘条粘在墙上，然后在米厘条的一侧抹出小八字灰条，等小八字灰吸水后起掉靠尺把另一面也抹上小八字灰。镶好的米厘条表面要与线一平。米厘条在使用前要捆在一起浸泡在米条桶内，也可以用大水桶浸泡，浸泡时要用重物把米厘条压在水中泡透。泡米厘条的目的是，米厘条干燥后会因水分蒸发而产生收缩，这样易取出；另外，米厘条刨直后容易产生变形影响使用，而浸泡透的米厘条比较柔软，没有弹性，可以很容易调直，并且米厘条浸湿后，在抹面时，米厘条边的砂浆能修压出较尖直的棱角，取出米厘条后，分格缝的棱角比较清晰美观。粘贴米厘条可以分隔夜和不隔夜两种。不隔夜条抹小八字灰时，八字的坡度可以放缓一些，一般为 45°。隔夜条的小八字灰抹时要放得稍陡一些，一般为 60°（图 4-5）。

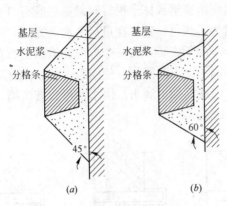

图 4-5　镶米厘条打灰的角度示意

(a)不隔夜条；(b)隔夜条

5. 罩面

大面的米厘条粘贴完成后，可以抹面层灰，面层灰要从最上一步架的左边大角开始。大角处可在另一面抹 1：2.5 水泥砂浆，反粘八字尺，使靠尺的外边棱与粘好的米厘条一平。在抹面层灰时，有时为了与底层粘结牢固，可以在抹面前，在底子灰上刮一道素水泥粘结层，紧跟抹面层 1：2.5 水泥砂浆罩面，抹面层时要依分格块逐块进行，抹完一块后，用大杠依米厘条或靠尺刮平，用木抹子搓平，用钢板抹子压光。待收水后再次压光，压光时要把米厘条上的砂浆刮干净，使之能清楚地看到米厘条的棱角。压光后可以及时取出米厘条。方法是用鸭嘴尖扎入米厘条中间，向两边轻轻晃动，在米厘条和砂浆产生缝隙时轻轻提出，把分格缝内用溜子溜平、溜光，把棱角处轻轻压一下。米厘条也可以隔日取出，特别是隔夜条不可马上取出，要隔日再取。这样比较保险而且也比较好取。因为米厘条干燥收缩后，与砂浆产生缝隙，这时只要用刨锛或抹子根轻轻敲振后既可自行跳出。室外墙面有时为了颜色一致，在最后一次压光后，可以用刷子蘸水或用干净的干刷子，按一个方向在墙面上直扫一遍。要一刷子挨一刷子，不要漏刷，使颜色一致，微有石感。室外的门窗口上脸底要做出滴水。滴水的形式有鹰嘴、滴水线和滴水槽（图4-6）。

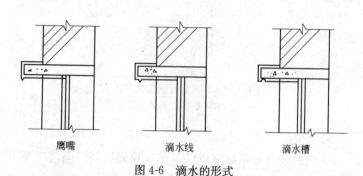

鹰嘴　　　　　　　　滴水线　　　　　　　滴水槽

图4-6　滴水的形式

鹰嘴是在抹好的上脸底部趁砂浆未终凝时，在上脸阳角的正面正贴八字尺，使尺外边棱比阳角低 8mm，卡牢靠尺后，用小圆角阴角抹子，把 1∶2 水泥砂浆（砂过 3mm 筛）填抹在靠尺和上脸底的交角处，捋抹时要填抹密实，捋光。取下尺后修理正面。使之形成弯弧的鹰嘴形滴水。滴水线是在抹好的上脸底部距阳角 3～4cm 处划一道与墙面的平行线。按线卡上一根短靠尺在线里侧，然后用护角抹子，把 1∶2 水泥细砂子灰，按着靠尺捋抹出一道突出底面的半圆形灰柱的滴水线。而滴水槽是在抹上脸底前，在底部底子灰上，距阳角 3～4cm 处粘一根米厘条，而后再抹灰。等取出米厘条后形成一道凹槽称为滴水槽。在抹室内（如工业厂房之类）较大的墙面时，由于没有米厘条的控制，平整度、垂直度不易掌握时，可以在打好底的底子灰的阴角处竖向挂出垂直线，线离底子灰的距离要比面层砂浆多 1mm。这时可依线在每步架上都用碎瓷砖片抹灰浆做一个饼，做完两边竖直方向后，改横线，做中间横向的饼。抹面层灰时，可以依这些小饼直接抹也可以先充筋再抹。在抹完刮平后可挖出小瓷砖饼，填上砂浆一同压光。在室内，由于墙面比较大，有时一天完不成，需要留槎，槎不要留在与脚手板一平处，因为这个部位不便操作容易出问题，要留在脚手板偏上或偏下的位置。而且槎口处横向要刮平、切直，这样比较好接。接槎时应在留槎上刷一道素水泥浆，随后先抹出一抹子宽砂浆，用木抹子把接口处搓平，接槎要严密、平整。然后，用钢板抹子压光后再抹下边的砂浆。

（三）混凝土墙抹水泥砂浆

混凝土墙面一般外表比较光滑，且带模板隔离剂，容易造成基层与抹灰层脱鼓，产生空裂现象，所以要做基面处理。在抹灰前要对基层上所残留的隔离剂、油毡、纸片等进行清除。油毡、纸片等要用铲刀铲除掉，对隔离剂要用 10% 的火碱水清刷后，用清水冲洗干净。对墙面突出的部位要用錾子剔平。过于低洼处要在涂刷界面剂后，用 1∶3 水泥砂浆填齐补平。对比较光滑的表面，应用刨锛、剁斧等进行凿毛，凿完毛的基层要用钢丝刷子把粉尘刷干净，然后要浇水湿润，浇水湿润时最好使用喷浆泵。第二天抹结合层。结合层可采用 15%～20% 水质量的水泥 108 胶浆，稠度为 7～9 度。也可以用 10%～15% 水质量的乳液，拌合成水泥乳液聚合物灰浆，稠度为 7～9 度。用小笤帚头蘸灰浆，垂直于墙面方向甩粘在墙上，厚度控制在 3mm，也可以在灰浆中略掺细砂。甩浆要有力、均匀，不能漏甩，如有漏甩处要及时补上。结合层的另一种做法是，不用甩浆法，而是前边有人用抹子薄薄刮抹一道灰浆，后边紧跟用 1∶3 水泥砂浆刮抹一层 3～4mm 厚的铁板糙。结合层做完后，第二天浇水养护。养护要充分，室内采用封闭门窗喷水法，室外要有专人养护，特别是夏季，结合层不得出现发白现象，养护不少于48h，待结合层有一定强度后方可进行找平。找平的方法可以参照砖墙抹水泥砂浆一节的做灰饼、充筋、装档、刮平、搓平、而后在上边划痕以利粘结。抹面层前也要养护，并在抹面层砂浆前先刮一道素水泥。粘结层后紧跟再抹面层砂浆。方法参照砖墙抹水泥砂浆的罩面一节。

（四）板条、苇箔、钢板网墙面抹灰

操作工艺：粘接层→过渡层→找平层→面层。

板条、苇箔、钢板网墙面，在抹灰前要检查一下板条等钉得是否牢固，平整度如何。不合适的要进行适当的加固和调整。

由于板条、苇箔及钢板网与砂浆的粘结力很差，所以在抹砂浆找平层前要先抹粘结层，粘结层采用掺加 10% 石灰质量的水泥调制成的水泥石灰麻刀灰浆。板条和钢板网用灰的稠度值以小一点为好，一般为 4～6 度。而苇箔由于缝隙小，质地软，需要轻一点抹。所以其灰浆的稠度值要稍大一些，一般为 7～8 度。板条基层的粘结层要横着抹，苇箔要顺着抹，使灰浆挤入缝隙中，在里边形成蘑菇状，以防止抹灰层脱落。抹完水泥石灰麻刀灰浆后，紧跟用 1∶3 石灰砂浆（砂过 3mm 筛），俗称小砂子灰，薄薄抹一层，要勒入麻刀灰浆中无厚度。待底子灰六七成干时（一般在第二天），用 1:2.5 石灰砂浆找平，用托线板挂垂直，用刮尺刮平，用木抹子搓平，钢板网的粘结层也可用 1:2:1 水泥石灰砂浆略掺麻刀，中层找平用 1:3:9 水泥石灰混合砂浆，面层亦可用 1:3:9 混合灰浆或纸筋灰浆。罩面要在找平层六七成干时进行，罩面前，视找平层颜色决定是否洒水润湿，然后开始罩面，面层一般分两道完成，两道灰要互相垂直抹，以增加抹灰层的拉结力。面层的具体操作方法可参照砖墙抹石灰砂浆中纸筋灰罩面部分。板条、苇箔、钢板网墙面抹灰时遇有门窗洞口时，要在抹粘结层灰前，用头上系有 20～30cm 长麻丝的小钉，钉在门窗洞口侧面木方上。在刮抹粘结层灰浆时，把麻钉的麻刀呈燕翅形粘在粘结层上，刮小砂子灰时，可用 1:3 水泥砂浆略加石灰麻刀浆或 1:1:4 混合砂浆略掺麻刀。中层找平可用 1:3 水泥砂浆或 1:0.3:3 混合砂浆略掺麻刀。面层用 1:2.5 水泥砂浆或 1:0.3:3 混合砂浆抹护角。墙体下部的踢脚线或墙裙所用灰浆各层的配合比可同护角。但底、中两层要抹至踢脚、墙裙上口 3～5cm 处。护角和踢角、墙裙的操作方法，可参照本章第一节的护角及踢角、墙裙做法。但一般板条、苇箔、钢板网的门窗洞口侧面比较狭窄，有时只有 2～3cm 宽或更窄一些。这时在要有意识稍厚出 1～2mm，然后在口角处用大杠向侧面相反的方向刮平后，再用刚抹好的正面灰正粘八字尺，吊垂直、粘牢后抹侧面的灰，抹完后可以用木阴角抹子依框和靠尺通直，搓平后用钢板抹子或阴角抹子捋光。取下靠尺吸水后用阳角抹子捋直、捋光阳角，压去印迹即可。

（五）加气板、砖抹灰

操作工艺：清扫基层→浇水湿润→修补勾缝→刮糙→罩面→修理、压光。

加气板、砖抹灰按面层材料不同，可分为水泥砂浆抹灰、混合砂浆抹灰、石灰砂浆抹灰和纸筋灰抹灰。加气板、砖抹灰前要把基层的粉尘清扫干净。

由于加气板、砖吸水速度比红砖慢，所以可采用两次浇水的方法。即第一次浇水后，隔半天至一天后，浇第二遍。一般要达到吃水 10mm 左右。

把缺棱掉角比较大的部位和板缝用 1：0.5：4 的水泥石灰混合砂浆补、勾平。

待修补砂浆六七成干时，用掺加 20% 水质量的 108 胶水涂刷一遍，也可在胶水中掺加一部分水泥。紧跟刮糙，刮糙厚度一般为 5mm，抹刮时抹子要放陡一些。刮糙的配比要视面层用料而定。如果是水泥砂浆面层，刮糙用 1：3 水泥砂浆，内略加石灰膏，或用石灰水搅拌水泥砂浆。如果是混合灰面层，刮糙用 1：1：6 混合砂浆，而石灰砂浆或纸筋灰面层时，刮糙可用 1：3 石灰砂浆略掺水泥。

在刮糙六七成干时可进行中层找平，中层找平的做灰饼、充筋、装档、刮平等程序和方法可参照前文的有关部分。采用的配合比应分别为：水泥砂浆面层的中层用 1：3 水泥砂浆；混合砂浆面层的中层用 1：1：6 或 1：3：9 混合砂浆；石灰砂浆面层和纸筋灰面层的中层找平为 1：3 石灰砂浆。

待中层灰六七成干时可进行面层抹灰。水泥砂浆面层采用1：2.5水泥砂浆；混合砂浆面层采用1：3：9或1：0.5：4混合砂浆；石灰砂浆面层采用1：2.5石灰砂浆。各种面层抹压的操作程序和方法见本章第一节的有关部分，这里不再重复。

五、顶 棚 抹 灰

顶棚抹灰依基层不同，可分为预制混凝土顶棚抹灰，现浇钢筋混凝土顶棚抹灰，木板条吊顶抹灰，苇箔吊顶抹灰和钢板网吊顶抹灰等，但由于预制混凝土顶棚抹灰和现浇钢筋混凝土顶棚抹灰易脱落，目前使用较少，且某些部位严禁采用，所以本书不作叙述。

（一）木板条吊顶抹灰

操作工艺：检查修正、弹线→钉麻钉→抹粘结层→刮小砂子灰→抹中层灰→抹面层灰。

顶棚抹灰前要搭设架子。凡净高在 3.6m 以下的架子要求抹灰工自己搭设，架高大约以人在架上头顶离棚顶 8～10cm 为宜。脚手板间距不大于 50cm，板下平杆或凳子的间距不大于 2m。抹顶棚可以横抹，也可以纵抹。纵抹是指抹子的走向与前进方向平行，纵抹时要站成丁字步，一脚在前，一脚在后。抹子打上灰后，由头顶向前推抹，抹子走在头上时身体稍向后仰，后腿用力。抹子推到前边时，重心前移，身体向前以前腿用力。从身体的左侧一趟一趟向右移。抹完一个工作面后向前移一大步，进入下一个工作面，继续操作。横抹是指抹子的运动走向与前进方向相垂直。横抹分拉抹和推抹，横抹时两腿叉开呈并步，抬头挺胸身体微向后仰。抹子打灰后，拉抹是从头上的左侧向右侧拉抹，推抹是从头上右侧向左侧推抹。一般来说拉抹速度稍快，但费力，而推抹速度稍慢，但比较省力。在抹大面时多采用横抹，抹到接近阴角时可采用纵抹。抹顶棚打灰时，每抹子不能打得太多，以免掉灰，每两趟间的接槎要平整、严密，相邻两人的接槎，走在前边的人要把槎口留薄一些，以利后边的人接槎顺平。

木板条吊顶抹灰前，要悉心对吊顶进行检查。看一下平整度是否符合要求，缝宽是否过大或过小，板条有无松动、不牢固的部位，如发现问题应及时修整好。然后，在近顶的四周墙上弹一圈封闭的水平线，作为抹顶棚时找规矩的依据。

如果顶棚面积较大，为了保证抹灰层与基层粘结牢固、不起鼓脱落，往往要采用钉麻钉的措施。方法是用 20～30cm 长的麻丝系在小钉子帽上，按每 20～30cm 一个的间距，钉在顶棚的龙骨上。每相邻两行的麻钉要错开 1/2 间距长度，使钉好的麻钉呈梅花形分布。

木板条吊顶抹灰的头道灰为粘结层。粘结层用 10% 左右水泥掺拌成的水泥石灰麻刀灰浆，垂直于板条缝抹。粘结层灰浆的稠度值要相对小一些，因为稠度值大的灰浆中水分含量也大，板条遇水易膨胀，干燥后又收缩，而且稠度值过大时，抹完后在板条缝隙部的灰浆易产生垂度，从而影响平整度。一般灰浆稠度值应控制在 4～5 度为宜。如果板缝稍大，应该控制在 3～4 度为好。抹粘结层灰浆时，抹子运行得不要太快，以利于把灰浆能够充分挤入板缝中，使之能在板缝上端形成一个蘑菇状，以增强灰浆的粘结力。

在抹完底层粘结层后，把麻钉上的麻丝以燕翅形粘在粘结层灰浆中。再用 1：3 石灰砂浆（砂过 3mm 筛），薄薄贴底层刮一道（俗称刮小砂子灰），要勒入底层中无厚度，主要是为了与下一层的粘结。

待底层六七成干时，用 1：2.5 石灰砂浆做中层找平。中层找平要先从四周阴角边开始，先把四周边抹出一抹子宽的灰条，用软尺刮平，木抹子搓平，而后以四周抹好的灰条为标筋，再抹中间大面的中层找平灰。抹时可依房间的大小由两人或多人并排站立于架上，一般多采用横抹的推抹子抹法，一字形并排向前抹，每两人间的接槎要平缓，抹在前的人要把槎口留成坡形，以利接槎。抹完后要用软尺顺平，用木抹子搓平或用笤帚扫出纹来。中层厚度为 6mm。

待中层找平六七成干时，用纸筋灰罩面，面层一般分两遍抹，两遍应相互垂直抹，这样可以增加抹灰层的拉结力。第一遍一般纵抹，要薄薄刮一层，每两趟之间的灰浆棱迹要刮压平，不可有高起现象，第二遍要横抹，可以推抹子，也可以拉抹子。但要先把周边抹出一条一抹子宽的灰条，抹完溜一下平。然后从一面开始向另一面抹。每两趟之间和两人之间的接槎要平整。抹子纹要走直，厚度控制在 2mm 之内。关于修理、压光等可参照本书中纸筋灰罩面的相应部分。

（二）钢板网吊顶抹灰

本节所述的钢板网吊顶抹灰，是指在顶棚部装吊大、小龙骨后，上表钉装钢板网吊顶的抹灰。钢板网吊顶抹灰前要对吊顶进行检查。如平整度是否符合要求和钢板网是否装钉牢固，有无起鼓现象。如有问题要及时修整。钢板网吊顶抹灰的头道粘结层可采用掺加麻刀灰总量 10% 的水泥拌和的混合麻刀浆(可略掺过 3mm 筛的细砂子);或用一份水泥、三份麻刀灰和两份细砂子拌和的混合麻刀砂浆。稠度为 3～4 度,刮抹入钢板网的缝隙中。粘结层抹完后,用配比为 1:1:4的混合砂浆(砂过了 3mm 筛),勒入底层无厚度,待底面干至六七成时,用 1:3:9 水泥石灰混合砂浆做中层找平。待中层找平六七成干时可用纸筋灰罩面。中层找平和面层罩面的方法可参照本书木板条吊顶抹灰的相应方法进行操作。

六、地面抹灰

地面抹灰根据所用材料不同可分为水泥砂浆地面抹灰、豆石混凝土地面抹灰、混凝土随打随压地面抹灰、聚合物彩色地面抹灰、菱苦土地面抹灰、水磨石地面抹灰、环氧树脂自流平地面抹灰等多种。

（一）水泥砂浆地面抹灰

工艺流程：基层清理→浇水湿润→弹水平线→洒水扫浆→做灰饼→充筋→装档刮平→分层压光→养护。

水泥砂浆地面依垫层不同可以分为混凝土垫层和焦渣垫层的水泥砂浆抹灰。在混凝土垫层上抹水泥砂浆地面时，抹灰前要把基层上残留的污物用铲刀等剔除掉。必要时要用钢丝刷子刷一遍，用笤帚扫干净，提前一两天浇水湿润基层。如果有误差较大的低洼部位，要在润湿后用1∶3水泥砂浆填补平齐。用木抹子搓平。

抹灰开始前要在四周墙上依给定的标高线，返至地坪标高位置，在踢脚线上弹一圈水平控制线，来作为地面找平的依据。

抹地面应采用1∶2水泥砂浆，砂子应以粗砂为好，含泥量不大于3％。水泥最好使用强度等级为42.5的普通水泥，也可用矿渣水泥。砂浆的稠度应控制在4度以内。在大面抹灰前应先在基层上洒水扫浆。方法是先在基层上洒干水泥粉后，再洒上水，用笤帚扫均匀。干水泥用量以 $1kg/m^2$ 为宜，洒水量以全部润湿地面，但不积水，扫过的灰浆有粘稠感为准。扫浆的面积要有计划，以每次下班（包括中午）前能抹完为准。

抹灰时如果房间不太大，用大杠可以横向搭通者，要依四周墙上的弹线为据，在房间的四周先抹出一圈灰条作标筋。抹好后用大杠刮平，用木抹子稍加拍实后搓平，用钢板抹子溜一下光。而后从里向外依标筋的高度，摊铺砂浆，摊铺的高度要比四周的筋稍高 3～5mm，再用木抹子拍实，用大杠刮平，用木抹子搓平，用钢抹子溜光。依此方法从里向外依次退抹，每次后退留下的脚印要及时用抹子翻起，搅和几下，随后再依前法刮平、搓平、溜光。如果房间较大时，要依四周墙上弹线，拉上小线，依线做灰饼。做灰饼的小线要拉紧，不能有垂度，如果线太长时中间要设挑线。做灰饼时要先作纵向（或横向）房间两边的，两行灰饼间距以大杠能搭及为准。然后以两边的灰饼再做横向的（或纵向）灰饼。灰饼的上面要与地平面平行，不能倾斜、扭曲。做饼也可以借助于水准仪或透明水管。做好的灰饼均应在线下 1mm，各饼应在同一水平面上，厚度应控制在 2cm。

灰饼做完后可以充筋。充筋长度方向与抹地面后退方向平行。相邻两筋距离以 1.2～1.5mm 为宜（在做灰饼时控制好）。做好的筋面应平整，不能倾斜、扭曲，要完全符合灰饼。各条筋面应在同一水平线上。

然后在两条筋中间从前向后摊铺灰浆。灰浆经摊平、拍实、刮平、搓平后，用钢板抹子溜一遍。这样从里向外直到退出门口，待全部抹完后，表面的水已经下去时，再铺木板上去从里到外用木杠边检查，（有必要时再刮平一遍）边用木抹子搓平，钢板抹子压光。这一遍要把灰浆充分揉出，使表面无砂眼，抹纹要平直，不要划弧，抹纹要轻。

待到抹灰层完全收水，（终凝前）抹子上去纹路不明显时，进行第三遍压光。各遍压光要及时、适时，压光过早起不到每遍压光应起到的作用。压光过晚时，抹压比较费力，而且破坏其凝结硬化过程的规律，对强度有影响。压光后的地面的四周踢脚上要清洁，地面无砂眼，颜色均匀，抹纹轻而平直，表面洁净光滑。

24 小时(h)后浇水养护，养护最好要铺锯末或草袋等覆盖物。养护期内不可缺水，要保持潮湿，最好封闭门窗，保持一定的空气湿度。养护期不少于五昼夜，七天后方可上人，亦要穿软底鞋，并不可搬运重物和堆放铁管等硬物。

（二）豆石混凝土地面抹灰

工艺流程：基层清理→浇水湿润→弹水平线→洒水扫浆→做灰饼→充筋→装档刮平→撒干粉刮平→分层压光→养护。

豆石混凝土多用在预制钢筋楼板上，作为地面面层。豆石混凝土所用的水泥应以强度等级为 42.5 的普通水泥为好，矿渣水泥次之。砂子以粗砂为好，含泥量不大于 3%，豆石要洗净晾干，含泥量不大于 2%，并且不得含有草根、树叶等杂物。灰浆配合比为水泥：砂子：豆石＝1：2：4，稠度值不大于 4 度。铺抹厚度为 3.5cm，面层洒干粉的配合比为1：1 水泥细砂(砂过 3mm 筛)。

抹灰前，要对基层进行清理，把残留的灰浆、污物剔除掉，用钢丝刷子刷一遍，清扫去尘土，浇水湿润，湿润最好

60

提前一两天进行。如果相邻两块楼板误差较大时，要提前用1：3水泥砂浆垫平、搓毛，并要在四周踢脚线上以地面设计标高，弹上一周封闭的水平线，作为地面找平的依据。

抹灰开始时要对基层进行洒水扫浆，方法同水泥砂浆地面，亦不能有积水现象，并且扫浆量要有计划。

如果房间不大，用大杠能搭通时，抹铺要先从四周边开始。先在四周边各抹出30cm左右宽度的一条灰梗，用大杠刮平，用木抹子搓平，用钢板抹子溜一下光。如果房间较大时，用大杠不能搭通时要适当增加灰饼然后依灰饼充筋。在有地漏的房间要找好泛水，做灰饼和充筋的方法和要求，与地面抹水泥砂浆中的做灰饼和充筋的方法相同。

小房间的边筋和大房间的做灰饼充筋完成后，要从里向外摊铺豆石混凝土。摊铺时要边铺边拍实、刮平、搓平和溜光。

待抹完一个房间或抹完一定面积后，用1：1水泥砂子干粉，在抹好的豆石混凝土表面均匀地撒上一层。待干粉吸水后，表面水分稍收时，用大刮杠把表面刮平。刮平时，要抖动手腕把灰浆全部振出。然后用木抹子搓平，用钢抹子溜一遍。

等表面的水分再次全部沉下去，人上去脚印不大时，脚下垫木板压第二遍。这遍要压平、压实，把表面的砂眼全部压实，抹纹要直、要浅。边压边把洒干粉时残留在墙边、踢脚上的灰粉刮掉，压在地面中。待全部收水后，（终凝前）抹子走上去没有明显的抹纹时进行第三遍压光。压光后应进行养护，养护的方法和要求与水泥砂浆地面养护的方法相同。

（三）环氧树脂自流平地面抹灰

施工工艺：清理地面→滚（刮）涂底漆→刮环氧腻子→打

磨→涂面漆→面漆的打磨→涂刷环氧罩光漆。

清理地面：将地面上的尘土、赃物等清理干净，并用吸尘器进一步吸干净。

滚(刮)涂底漆：用纯棉辊子，从里边阴角依次均匀滚涂直至门口，也可以用刮板依次刮涂。

刮环氧腻子：当底漆涂刷后 20 小时(h)以上时可以进行下一道环氧腻子的刮涂。刮涂环氧腻子是将环氧底漆与石英粉搅拌成糊状，用刮板刮在底漆上，刮时每道要刮平，要刮板纹越浅越好，视底层平整度及工程的要求一般要刮 2～3 道，每道间隔时间视干燥程度而定，一般干至上人能不留脚印即可。

打磨：环氧腻子刮完后要用砂纸进行打磨，打磨可分道打磨。若每道腻子刮得都比较平整，可以只在最后一道时打磨。分道打磨时要在每道磨完后用潮布把粉尘清洁干净。

涂面漆：当完成底层腻子的打磨、清理晾干后即可以进行面漆的涂饰。面漆是将环氧底漆与环氧色漆按 1∶1 的比例搅拌均匀后滚涂两遍以上，每遍间要有充分的干燥时间。完成最后一道后，要间隔 28 小时(h)以上再进行下一道的打磨。

面漆的打磨：换用 200 目的细砂纸对面漆进行打磨。打磨一定要到位，借助光线检查，要无缕光，星光越少越好。然后用潮布擦抹干净(为提高清理速度，并防止潮布中的水分过多的进入面漆，擦抹前可先用吸尘器吸一下打磨的粉末)，晾干。

涂刷环氧罩光漆：面漆晾干后可进行地面罩光漆的施工。方法是用甲组分物料涂刷两遍。第二天即干燥，但要等到自然养护七天以上才能达到强度。

要求：成品要表面洁净、色泽一致、光亮美观。表面平整度：用 2m 靠尺、楔形塞尺检查，尺与墙面空隙不超过 2mm。

（四）楼梯踏步抹灰

操作工艺：基层清理→弹线找规矩→打底子→罩面。

楼梯踏步抹灰前，应对基层进行清理。对残留的灰浆进行剔除，面层过于光滑的应进行凿毛，并用钢丝刷子清刷一遍，洒水湿润。并且要用小线依梯段踏步最上和最下两步的阳角为准拉直，检查一下每步踏步是否在同一条斜线上，如果有过低的要事先用 1：3 水泥砂浆或豆石混凝土，在涂刷粘结层后补齐，如果有个别高的要剔平。

在踏步两边的梯帮上弹出一道与梯段平行，高于各步阳角 1.2cm 的打底控制斜线，再依打底控制斜线为据，向上平移 1.2cm 弹出踏步罩面厚度控制线，两道斜线要平行。

打底时，在湿润过的基层上先刮一道素水泥或掺加 15% 水质量的水泥 108 胶浆，紧跟用 1：3 水泥砂浆打底。方法是先把踏面抹上一层 6mm 厚的砂浆，或只先把近阳角处 7～8cm 处的踏面至阳角边抹上 6mm 厚的一条砂浆。然后用八字尺反贴在踏面的阳角处粘牢，或用砖块压牢，用 1：3 水泥砂浆依靠尺打出踢面底子灰。如果踢面的结构是垂直的，打底也要垂直。如果原结构是倾斜的，每段踏步上若干踢面要按一个相同的倾斜度涂抹。抹好后，用短靠尺刮平、刮直，用木抹子搓平。然后取掉靠尺，刮干净后，正贴在抹好的踢面阳角处，高低与梯帮上所弹的控制线一平并粘牢，而后依尺把踏面抹平，用小靠尺刮平，用木抹子搓平。要求踏面要水平，阳角两端要与梯帮上的控制线一平。如上方法依次下退抹第二步、第三步，直至全部完成。为了与面层较好的粘结，有时可以在搓平后的底子灰上划纹。

打完底子后，可在第二天开始罩面，如果工期允许，可以在底子灰抹完后用喷浆泵喷水养护两三天后罩面更佳。罩面采用1:2水泥砂浆。抹面的方法基本同打底相同。只是在用木抹子搓平后要用钢板抹子溜光。抹完三步后，要进行修理，方法是从第一步开始，先用抹子把表面揉压一遍，要求揉出灰浆，把砂眼全部填平，如果压光的过程中有过干的现象时可以边洒水边压光；如果表面或局部有过湿易变形的部位时，可用干水泥或1:1干水泥砂子拌合物吸一下水，刮去吸过水的灰浆后再压光。压过光后，用阳角抹子把阳角捋直、捋光。再用阴角抹子把踏面与踢面的相交阴角和踏面、踢面与梯帮相交的阴角捋直、捋光。而后用抹子把捋过阴角和阳角所留下的印迹压平，再把表面通压一遍交活。依此法再进行下边三步的抹压、修理，直至全部完成。

如果设计要求踏步出檐时，应在踏面抹完后，把踢面上粘贴的八字尺取掉，刮干净后，正贴在踏面的阳角处，使靠尺棱突出抹好的踢面5mm，另外取一根5mm厚的塑料板（踢脚线专用板），在踢面离上口阳角的距离等于设计出檐宽度的位置粘牢。然后在塑料板上口和阳角粘贴的靠尺中间凹槽处，用罩面灰抹平压光。拆掉上部靠尺和下部塑料板后将阴、阳角用阴、阳角抹子捋直、捋光，立面通压一遍交活。

如果设计要求踏步带防滑条时，打底后在踏面离阳角2~4cm处粘一道米厘条，米厘条长度应每边距踏步帮3cm左右，米厘条的厚度应与罩面层厚度一致（并包括粘条灰浆厚度），在抹罩面灰时，与米厘条一平。待罩面灰完成后隔一天或在表面压光时起掉米厘条。另一种方法是在抹完踏面砂浆后，在防滑条的位置铺上刻槽靠尺（图 6-1），用划缝溜子（图 6-2），把凹槽中的砂浆挖出。待踏步养护期过后，用1∶3 水泥金钢砂浆把凹槽填平，并用护角抹子把水泥金钢砂浆捋出一道凸出踏面的半圆形小灰条的防滑条来，捋防滑条时要在凹槽边顺凹槽铺一根短靠尺来作为防滑条找直的依据。抹防滑条的水泥金钢砂浆稠度值要控制在 4 度以内，以免防滑条产生变形，在施工中，如感到灰浆不吸水时，可用干水泥吸水后刮掉，再捋直、捋光。待防滑条吸水后，在表面用刷子把防滑条扫至露出砂粒即可。

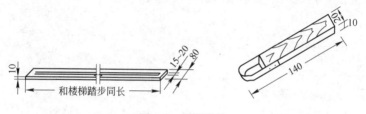

图 6-1　刻槽靠尺

楼梯踏步的养护应在最后一道压光后的第二天进行。要在上边覆盖草袋、草帘等以保持草帘潮湿为度，养护期不少于 7 天。10 天以内上人要穿软底鞋，14 天

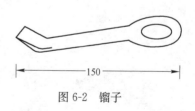

图 6-2　镏子

内不得搬运重物在梯段中停滞、休息。为了保证工程质量，楼梯踏步一般应在各项工程完成后进行。

如果是高级工程要求做水磨石踏步时，应在找规矩时要求比较严格，一般要在打底前弹踏步控制斜线时，要考虑每步踏步的踏面尺寸要相等，每步踏步的梯面高度尺寸要一

致。所以要在所弹的踏步控制斜线上，匀分斜线。方法是以每个梯段最上一步和最下一步的阳角间斜线长度为斜线总长（但要注意最下一步梯面的高度一定要与其他梯面高度一致），用总长除以踏步的步数减 1 所得的商，为匀分后踏步斜线上每段的长度。以这个长度在斜线上分别找出匀分线段的点，该点即为所对应的每步踏步阳角的位置。在抹灰的操作中，踏面在宽度方向要水平，踢面要垂直（斜踢面斜度要一致），这样既可保证要求的所有踏面宽度相等，踢面高度尺寸一致。防滑条的位置应采用镶米厘条的方法留槽，待磨光后，再起出米厘条镶填防滑条材料。

七、饰 面 块 材

（一）内 墙 瓷 砖

操作工艺：打底子→选砖、润砖→弹线找规矩→排砖摺底→镶贴标筋→镶粘大面→找破活、勾缝→养护。

内墙瓷砖是使用在室内墙面的一种饰面块材。由于其质地比较疏松，这种砖随温度的变化性比较大，所以只限于室内使用。一般多在室内的厨、厕的墙面、柱面、各种台面、水池等部位使用，其有表面光滑、易清洗、价格低等特点。

本节以内墙面（裙）为例叙述内墙瓷砖的粘贴工艺。内墙瓷砖粘贴工艺，近年来随着建材业的发展，也有不同的变化。但由于操作者的习惯和地区不同，施工方法也各异。如就粘结层所用材料而言，就有混合砂浆、水泥砂浆、聚合物灰浆及建筑胶等。就排砖方法而言，也有比较传统的对称式和施工快捷、节省瓷砖的一边跑，以及以某重要显眼部位为核心的排砖等方法。

瓷砖在粘贴前要对结构进行检查。墙面上如有穿线管等，要把管头用纸塞堵好，以免施工中落入灰浆。有消防栓、配电盖箱等的背面钢板网要钉牢，并先用混合麻刀灰浆抹粘结层后，用小砂子灰刮勒入底子灰中，与墙面基层一同打底。

打底的做灰饼、挂线、充筋、装档刮平等程序可参照水泥砂浆抹墙面的打底部分。打底后要在底子灰上划毛以增强与面层的粘结力。打底的要求应按高级抹灰要求，偏差值要极小。

瓷砖贴前要对不同颜色和尺寸的砖进行筛选，选砖的方法可以用肉眼与借助选砖样框和米尺共同挑选(参照二、常用材料中(三)的选砖一节)，并且在使用前要进行润砖。润砖是一个需要很强经验性的过程。润砖，可以用大灰槽或大桶等容器盛水，把瓷砖浸泡在内，一般要1小时(h)左右方可捞出，然后单片竖向摆开阴晾至底面抹上灰浆时，能吸收一部分灰浆中的水分，而又不致把灰浆吸干时使用。在实际工作中，这个问题是个关键的问题，其对整个粘贴质量有着极大的影响。如果浸泡时间不足，砖面吸水力较强，抹上灰浆后，灰浆中的水分很快被砖吸走，造成砂浆早期失水，产生粘贴困难或空鼓现象。如果浸泡过时，阴晾不足时，灰浆抹在砖上后，砂浆不能及时凝结，粘贴后易产生流坠现象，影响施工进度，而且灰浆与面砖间有水膜隔离层，在砂浆凝固后造成空鼓。所以掌握瓷砖的最佳含水率是保证质量的前提。有经验的工人，往往可以根据浸、晾的时间，环境，季节，气温等多种复杂的综合因素，比较准确地估计出瓷砖最佳含水率。由于这是一个比较复杂，含综合因素的问题，所以不能单从浸泡时间或阴干时间来判定，望年轻工人在今后的工作中多动脑，多观察，积累一定的经验，往往可以通过手感、质量、颜色等表象，而产生一种直觉和比较准确的判断。关于浸砖、晾砖的劳动过程要在粘贴前进行，不然可能对工期有影响。

粘贴瓷砖时要先在底子灰上找规矩弹线。弹线时首先要依给定的标高，或自定的标高在房间内四周墙上，弹一圈封闭的水平线，作为整个房间若干水平控制线的依据。然后依砖块的尺寸和所留缝隙的大小，从设计粘贴的最高点，向下排砖，半砖（破活）放在最下边。再依排砖，在最下边一行砖（半条砖或可能是整砖）的上口，依水平线反出一圈最下一行砖的上口水平线。这样认为竖向排砖已经完成，可以进行横向排砖。如果采用对称方式时，要横向用米尺，找出每面墙的中点（要在弹好的最下一匹砖上口水平线上画好中点位置），从中点按砖块尺寸和留缝向两边阴（阳）角排砖；如果采用的是一边跑的排砖法，则不需找中点，要从墙一边（明处）向另一边阴角（不显眼处）排去。排砖也可以通过计算的方法来进行。如竖向排砖时，以总高度除以砖高加缝隙所得的商，为竖向要粘贴整砖的行数，余数为边条尺寸。如横向排砖时一面跑排砖，则以墙的总长除以砖宽加缝隙，所得的商为横向要粘贴的整砖块数，余数为边条尺寸。依规范要求少于3cm的边条不准许使用，所以在排砖后阴角处如果出现少于3cm边条时要把与边条邻近的整砖尺寸加上边条尺寸后除以2后得的商为两竖列大半砖的尺寸粘贴在阴角附近（即把一块整砖和一块小条砖，改为两块大半砖）。在排砖中，如果设计采用阴阳角条、压顶条等配件砖，在找规矩排砖时要综合考虑。计算虽然稍微复杂些，但也不是很难。如果有门窗口的墙，有时为了门窗口的美观，排砖时要从门窗口的中心考虑，使门窗口的阳角外侧的排砖两边对称。有时一面墙上有几个门窗口及其他的洞口时，这样需要综合考虑，尽量要做到合理安排，不可随意乱排。要从整体考虑，要有理有据。依上所述在横、竖向均排完砖后。弹完最下一行砖的上口水平控制线后，再在横向阴角边上一列砖的里口竖向弹上垂直线。每一面墙上这两垂一平的三条线，是瓷砖粘贴施工中的最基本控制线，是必不可少的。另外在墙上竖向或横向以某行或某列砖的灰缝位置弹出若干控制线也是必要的，以防在粘贴时产生歪斜现象。所弹的若干水平或垂直控制线的数量，要依墙的面积，操作人员的工作经验、技术水平而决定，一般墙的面积大，要多弹，墙面积小，可少弹。操作人员经验丰富、技术水平高可以不用弹或少弹，否则需要多弹。弹完控制线后，要依最下一行砖上口的水平线而铺垫一根靠尺或大杠，使之水平，且与水平线平行，下部用砂或木板垫平。然后可以粘贴瓷砖。粘贴用料种类较多，这里以采用素水泥中掺加水质量30％的108胶的聚合物灰浆为例。粘贴时用左手取浸润阴干后的瓷砖，右手拿鸭嘴之类的工具，取灰浆在砖背面抹3～5cm厚，要抹平，然后把抹过灰浆的瓷砖粘贴在相应的位置上，左手五指叉开，五角形按住砖面的中部，轻轻揉压至平整，灰浆饱满为止。要先粘垫铺靠尺上边的一行，高低方向以座在靠尺上为准，左右方向以排砖位置为准，逐块把最下一行粘完。横向可用靠尺靠平，或拉小线找平。

然后在两边的垂直控制线外把裁好的条砖或整砖，在2m左右高度，依控制线粘上一块砖，用托线板把垂直控制线外上边和下边两块砖挂垂直，作为竖直方向的标筋。这时可以依标筋的上下两块砖一次把标筋先粘贴好，或把标筋先粘出一定高度，以作为中间粘大面的依据。

大面的粘贴可依两边的标筋从下向上逐行粘贴而成。每行砖的高低要在同水平线上。每行砖的平整要在同一直线上。相邻两砖的接缝高低要平整。竖向留缝要在一条线上。水平缝用专用的垫缝工具或用两股小线拧成的线绳垫起。线绳有弹性可以调整高低。如果有某块砖高起时，只要轻压上边棱，就可降下。如有过低者，可以把线绳放松，弯曲或叠折压在缝隙内，以解决水平方向的平直问题。平整问题如有过于突出的砖块用手揉不下时，可以用鸭嘴把敲振平实，然后调正位置。大面粘贴到一定高度，下几行砖的灰浆已经凝固时，可拉出小线捋去灰浆备用，一面墙粘贴到顶或一定高度，下边已凝结可拆除下边的垫尺，把下边的砖补上。且每贴到与某控制线相当高度时，要依控制线检验，及时发现问题及时解决，以免造成问题过大，不好修整。内墙瓷砖在粘贴的过程中有时由于面积比较大，施工时间比较长，所以要对拌和好的灰浆经常搅动，使其经常保持良好的和易性，以免影响施工进度和质量。经浸泡和阴干的砖，也要视其含水率的变化而采取相应的措施。杜绝较干的砖上墙，造成施工困难和空鼓事故。要始终让所用的砖和灰浆，保持在最佳含水率和良好的和易性及理想稠度状态下进行粘贴，才能对质量有所保证。

待一面墙或一个房间全部整活粘贴完后应及时将破活补上（也可随整砖一同镶）。第二天用喷浆泵喷水养护。3 天后，可以勾缝。勾缝可以采用粘结层灰浆或勾缝剂，也可以减少 108 胶的使用量或只用素水泥浆。但稠度值不要过大，以免灰浆收缩后有缝隙不严和毛糙的感觉。勾缝时要用柳叶一类的小工具，把缝隙内填满塞严，然后捋光。一般多勾凹入缝，勾完缝后要把缝隙边上的余浆刮干净，用干净布把砖面擦干净。最好在擦完砖面后，用柳叶再把缝隙灰浆捋一遍光。第二天用湿布擦抹养护，每天最少 2～3 次。采用聚合物灰浆作粘结层的优点是粘结牢固，收缩性小，不易脱落，灰层薄，平整度不须拉线粘贴，即可保证，且节约材料，节省劳动力，减轻自重，提高施工进度、工效等。

（二）陶瓷锦砖

操作工艺：打底→准备工作→弹线找规矩→刮板子（填缝）→粘贴马赛克、揭纸修整→勾缝→养护。

陶瓷锦砖俗称马赛克，为陶瓷制品，其质地坚硬，耐久性好，不老化，耐酸碱性强，可在室外墙面、檐口、腰线、花池、花台、台阶及室内地面等多处使用。

陶瓷锦砖粘贴前要对基层进行清理、打底。具体方法可参照水泥砂浆打底的相应部分。

对陶瓷锦砖砖块也要进行检查，看是否有受潮、脱粒的现象，如有要挑选出来，不严重的可用胶粘上，或在边角上裁条使用。如果有颜色差别较大的，要选出来不用，每相邻两张陶瓷锦砖的颜色要相近，不能差别太大，要逐渐变化。每张陶瓷锦砖的大小尺寸如果有误差，也要挑选一下。粘贴面层前还要准备一个 1m 见方的操作平台，高度为 70cm 左右，也可以用桌子代替。并准备一个 30cm 见方，后边有把手的平木板，做拍平面层用。还要干拌一些 1∶1 水泥砂子（砂过 3mm 筛）干粉备用。粘贴面层所用的水泥以 32.5 级普通水泥为好。

陶瓷锦砖墙面在粘贴前要对打好的底子进行洒水润湿，然后在底子灰上找规矩，弹控制线，如果设计要求有分格缝时，要依设计先弹分格线，控制线要依墙面面积、门窗口位置等综合考虑，排好砖后，再弹出若干垂直和水平控制线。

粘贴时，要把四张陶瓷锦砖，纸面朝下平拼在操作平台上，再用 1∶1 水泥砂子干粉撒在陶瓷锦砖上，用干刷子把干粉扫入缝隙内，填至 1/3 缝隙高度。而后，用掺加 30％水重 108 胶的水泥 108 胶浆或素水泥浆，把剩下的 2/3 缝隙抹填平齐。这时由于缝隙下部有干粉的存在。马上可以把填入缝隙上部的灰浆吸干，使原来纸面陶瓷锦砖软板，变为较挺实的硬板块。

然后一人在底子灰上，用掺加 30％水重的 108 胶搅拌成的水泥 108 胶聚合物灰浆涂抹粘结层。粘结层厚度为 3mm，灰浆稠度为 6～8 度，粘结层要抹平，有必要时要用靠尺刮平后，再用抹子走平。后边跟一人用双手提住填过缝的陶瓷锦砖的上边两角，粘贴在粘结层的相应位置上，要以控制线找正位置，用木拍板拍平、拍实，也可用平抹子拍平。一般要从上向下、从左到右依次粘贴，也可以在不同的分格块内分若干组同时进行。遇分格条时，要放好分格条后继续粘贴。每两张陶瓷锦砖之间的缝隙，要与每张内块间缝隙相同。粘贴完一个工作面或一定量后，经拍平、拍实调整无误后，可用刷子蘸水把表面的背纸润湿。过半小时后视纸面均已湿透，颜色变深时，把纸揭掉。检查一下缝子是否有变形之处，如果有局部不理想时，要用抹子拍几下，待粘结层灰浆发软，陶瓷锦砖可以游动时，用开刀调整好缝隙，用抹子拍平、拍实，用干刷子把缝隙扫干净。由于在没粘贴前在缝隙中分层灌入干粉和抹填了灰浆，使得陶瓷锦砖在粘贴中板块挺实便于操作，而且缝隙中不能再挤入多余的灰浆造成污染面层，同时在粘贴的拍移中不会产生挤缝的现象。这样逐块、逐行地粘贴，粘贴后经揭纸、扫缝，如有个别污染的要用棉丝擦净。

第二天进行擦缝。擦缝前，要用喷浆泵喷水润湿，而后用素水泥浆刮抹表面，使缝隙被灰浆填平，稍待用潮布把表面擦干净即可。如果是地面，也可以采用同样的方法，在打底后，用水泥 108 胶聚合物灰浆如上粘贴。但在打底时要注意地面有泛水要求的要在打底时打出坡度。另外，传统的铺地面陶瓷锦砖方法，与抹水泥砂浆地面方法相同，是在地面垫层上抹上粘结层水泥砂浆。在抹粘结层前要依地面的面积和陶瓷锦砖纸块的尺寸在四周墙上划出控制线的位置。在抹粘结层砂浆时要抹平，有地漏的要找好坡度，砂浆稠度值要稍小一些，一般不大于 4 度。抹完粘结层后，稍吸水，用干水泥均匀地在表面撒上一层，待干水泥吸水变颜色后，用木抹子搓均，或用抹子放陡刮一下，使水泥粉均匀，然后把填好缝的陶瓷锦砖依控制线，一张一张地铺在粘结层上，操作人员的脚下可垫上木板，以免把粘结层踩出脚印。每铺完一行，要用拍板拍平、拍实和调整好。再向后退铺第二行。这样，从里向外依次退铺至门口。每铺完两行要用刷子蘸水把背纸润湿。铺完第三行时，刷上水后，可以把第一行润透的背纸揭掉。这样有节奏地向后退出。也可以先全部把陶瓷锦砖铺完过 2 小时(h)后，铺木板上去从前向后刷水润湿背纸，过 30 分钟(min)后铺木板上去从前向后边揭纸，同时用开刀调整缝隙，用抹子拍平、拍实。依次后退，并且边退边调整好，拍平的陶瓷锦砖上撒一层干水泥，用笤帚扫匀。约过 30 分钟 (min)，撒上的干水泥把粘结层中的水吸出后，用笤帚扫干净，同时用湿布把表面擦干净，把缝子擦平。传统的粘贴法，把打底子和粘贴面层一次同时完成，不留间隔时间，工期短，但操作比较麻烦，质量不易保证，在砂浆未完全凝固时就要上人擦缝，易踩活块材。采用聚合物灰浆粘贴时，打底和粘贴面层有间隔时间，工期稍长。但由于粘结层薄，平整度有保证，比较容易施工。因为陶瓷锦砖是用胶粘在背纸上的。有时，其表面有残留的胶灰痕迹，不易擦干净。这时可以在

74

第二天粘结层凝固后用细砂布磨去污染物，然后用潮布擦干净。陶瓷锦砖完工后，第二天要浇水养护。特别是室外，夏季严热时期，更不要缺水，有条件最好遮阴养护更佳。

（三）预制水磨石板

1. 地面

操作工艺：基层清理→洒水扫浆→弹线、找规矩→摊铺粘结层砂浆→试铺面转→刮（浇）浆→实铺板材→镶边、勾缝→养护。

预制水磨石板多为地面使用，也可以用边长尺寸不大的板材，作为墙裙、踢脚、工作台板等使用。

水磨石板正方形有边长 30cm×30cm、40cm×40cm 和 50cm×50cm 等规格，及 40cm×15cm 的踢脚专用板（也可用在现浇、预制水磨石地面镶边）和多种规格的特种板。从档次上看，有普通水泥、白石子的普通水磨石板和彩色水泥、色石渣的高级水磨石板。

水磨石地面板一般可在混凝土、焦渣等垫层上做地面的面层，也可以在钢筋混凝土楼板底层上做楼面的面层。

地面的施工前，要对结构垫层进行检查。看有无地下穿线管，标高是否正确，地漏的管口离地面的高度如何，管口临时封闭是否严密。如果发现问题要及时向有关人员提出，并在征得同意后在地面施工前及时整改。对垫层有过高的部位要剔平，有过于低洼之处要提前用 1：3 水泥砂浆填齐。有个别松动的地方，也要在剔除后，用 1：3 水泥砂浆补平，并要浇水湿润。镶铺块材时要在基层上洒一道素水泥浆或洒水扫浆。无论是素水泥浆或洒水扫浆均要随扫随铺，不能提前时间过早，以免灰浆凝结后失去粘结作用。

铺贴水磨石板材时，进入一个房间后要先找规矩，放线，做标筋等。找规矩的方法是利用勾股定理，先检查一下房间的墙是否方正。如果四周的墙，相邻之间都呈90°角或误差不大时，可依任意一面长向墙作找方的依据，向相邻两面短向墙找方。如期房间方正误差较大，应取一面显眼的长向墙，向相邻两墙找方。找方的基准点的定位，要依排砖而定。排砖的方法，如果设计有要求，则要依设计要求。设计如无要求，可采用对称法或一边跑的方法均可。

对称法，是先要找出一个房间中的两个方向中心线，一般以其中长向的中心线作为基准线，以两中心线的交点作为基准点。然后以板材的中心或边（依房间宽度尺寸与板块的尺寸模数关系而定）对准中心线（长向），以基准点为中心，板材与中心线（长向）平行方向按一定缝隙排砖，这种排砖方法使得两面墙边处的砖块尺寸相同（或整砖，或半条）且规矩，所以叫对称法。但找方次数多，比较复杂，施工速度慢，浪费砖。一边跑是进入房间后，马上可以依某面长墙做基准线，依线以比较显眼的一面短向墙边为基准点，向相对的比较隐蔽的一面排砖。这种排砖法是比较常用的一种方法。特点是排砖程序简单，插手快，省砖（切割少）。但相对两面墙边的砖块尺寸多为不同。这两种方法，各有利弊，主要是依操作人员习惯和现场具体情况而定。有时还要考虑到许多其他因素，如入口处的美观，材料的节约等，都要综合考虑。所以在遇到具体问题时，要有不同的处理方法，有一定的灵活性。

为了便于理解，本节就一个房间的实例，以一边跑的排砖方法，叙述地面找规矩的方法和步骤。图7-1是一房间的

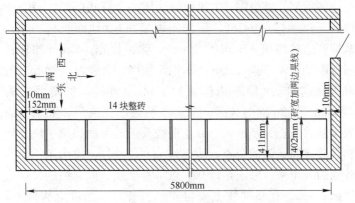

图 7-1　某房间平面图

平面图，房间内净尺寸为：南北长 5.8m，东西宽 3.3m，现用 400mm×400mm 的水磨石板材铺设地面，板块间缝隙 2mm。铺设时板材要离开墙边 10mm，不要紧顶墙边。进入房间后开始找规矩。首先设定以东边长墙为基准，再挂线、排砖、充边筋。方法和步骤：

先在给定的地面标高的高度，和离东边长墙两边各为 411mm（板材离墙 10mm，板材宽 400mm 且小线要离开板材 1mm 为晃线，共计 411mm），拉一道小线，两边用重物压牢固，小线要拉紧，不能有垂度。另外，再在与第一道小线的同一水平高度（地面标高），离第一道小线向东墙方向平移 402mm（板宽 400mm，两边各晃 1mm 线），即离东墙 9mm 距离拉出第二道水平小线。这两道水平小线即是作为东边长向标筋的依据。这时可依拉好的两道小线为据，开始以板缝 2mm 的距离从北向南（保证整砖在门口显眼处）逐块拍砖，第一块砖和最后一块砖要离北、南墙 10mm，排砖时，最好是结合排砖而一次镶死（铺成），来作为整个房间地面铺贴时

77

东边的标筋。结合图 7-1 我们做这样一个算式(5800－20)÷(400＋2)＝14……152，即房间内墙净长(地面长)5800mm 减掉两边各离墙 10mm 共 20mm，除以板宽 400mm 加板材间缝隙 2mm，共 402mm，得出商为 14，余数为 152mm。所以南北向排砖(即东边标筋)为 14 块整砖，加南墙边为 400mm×152mm 的条砖。东边条筋镶贴完成后，要以东边的条筋的内边为基准线，以基准线及条筋上南边第一块整砖和条砖之间缝隙的交点，为基准点(图 7-2)，找出东、南两条筋的方角来。方法是以基准点沿基准线、向北用钢尺拉紧量出 2.8m，在基准线上画出点，另外，以基准点为圆心，用 2.1m 的钢尺长度为半径，向西拉直后，南、北方向摆动划弧，再以 2.8m 点为圆心，以 3.5m 钢尺长度为半径拉向已划的弧，划弧，使两弧产生交点。这时，要以地面设计标高的高度，基准点和交点为两点拉出南墙标筋的第一条控制

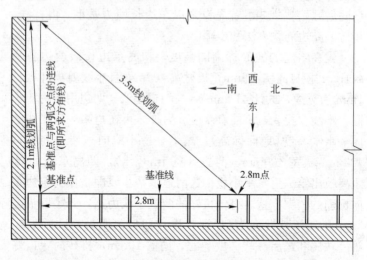

图 7-2 排砖方法示意图

78

小线（让出晃线）。然后，用平移的方法向南平移 154mm（南墙边的边条为 152mm，加每边晃线各 1mm 共 154mm），拉出第二道南边条筋的控制线。再依双线，把切割好的边条砖，以 2mm 的缝隙的距离镶铺成南边的标筋。南边同样要通过算式（3300－20）÷（400＋2）＝8……64 得出。故东、西方向为 8 块整砖，近西墙边为宽 64mm，长 400mm 的条砖。这时可依南筋西边第一块整砖的西北角为基准点，按前边的方法找出南、西两边条筋的方角来。在本例中，由于西墙边仅为 64mm 米宽的条砖，宽度尺寸过小，不适于作为标筋，标筋应选在条筋边的第一块整砖处。该筋拉线时，应依找方的线为据，在西边第一块整砖两侧以 402mm 为间距与设计标高一致，拉直，固定好。

　　在施工中，东、南两边的标筋要镶成死筋，而西边的条筋，要为活筋（即不能一次先镶铺好，只要走在中间大面铺贴前一块或两块砖即可。具体地说，在东、南两边条标铺好后，把西边的条筋双道控制线拉好，先由南向北铺贴出两块砖，然后以这两块砖的缝隙和东边条筋相对应的板间缝隙为两点，拉一道小线，在南边铺好的标筋和小线中间铺灰（要超过小线 5cm 左右宽），横向以小线和南边条筋的边棱为依据，纵向以前边铺好的板缝为准铺贴大面的第一行砖，这样依次向后（北）退着铺贴直至退出门口。西边的活筋要保持走在大面粘贴前一～二块砖能拉线即可，而且在每铺出三～四块西边活筋时，要用钢尺量一下长度，与东边铺好的条筋相应块数的长度是否相同，如果不同时要以东边死筋为准，调整西边活筋，以保持方正。铺贴时要依两边筋拉线，每行砖要以前边铺好后的棱边和拉线为准（即前边根棱后边跟线）铺平、铺直。两块相邻板材接缝要平整。

铺贴时用 1：3 干硬性水泥砂浆。砂浆的稠度要以抓起成团，落地开花（散开）为宜。在要铺贴的洒水扫浆后的基层上铺出宽于板材 5cm 以上宽度的灰条。灰条要用抹子摊平后，稍加拍实，用大杠刮平，在板材放上后高出铺好的地面的距离要控制在 0.5～1cm（依灰浆厚度的不同，留量亦有异）。灰条铺好后，要把板材四角水平置于灰条上，不要某个角先行落下，放上板材后，左手轻扶板材，右手拿胶锤在板材中心位置敲振至与地面标高相同高度，而且要前符棱，后符绳（线）。一般横向要试铺完一行时，把板材水平揭起轻放在前边铺好的板材上，或放在身后，但放的次序和方向不能错。然后把准备好的水泥加水调至粥样稠度的灰浆，用短把灰勺均匀地浇洒在灰条上，稍渗水后，把揭起的板材，按原来的位置和方向，四角水平地同时落下摆放在灰条上，用胶锤敲振至平整。也可以在试铺完后，揭起板材，在灰条上用小筛子内盛素水泥均匀地筛撒一层干水泥粉，并用笤帚扫均匀，用小喷壶在干水泥粉上洒水润湿，待水沉下后，把板材按原来位置放好，用胶锤敲振至平整（此谓浇浆法）。另外亦可在试铺后揭起的板材背面刮抹一道聚合物水泥浆后将板材就位用胶锤振平（此谓挂浆法）。

在试铺时，如果铺的灰过厚，敲振后依然高于地面设计标高，要把板材揭起，把试铺的砂浆用抹子翻松后，取掉一部分，再重新试铺。如果在试铺中，胶锤只轻轻敲几下就平整或低于地面设计标高时，说明垫铺的砂浆较少，要揭起板材，把砂浆翻动一下，再加入适量的砂浆，用胶锤振平、振实。如遇边条时，可随大面铺贴时，切割好一同进行也可以在大面铺贴进行完后，由专人负责补各房间的边角。

水磨石板材铺贴后隔一天，上人勾缝。勾缝时，可用水泥粉把缝隙扫填后再用水浇一下,待干水泥粉沉下后,在缝上撒干水泥吸之。用鸭嘴等工具把缝勾平,也可以直接用水泥浆勾缝。缝隙勾平后用干净布或棉丝擦干净。第二天养护。如果设计时平整度要求较高时,可在交工前,用磨石机磨平一次,然后打蜡处理。这种施工方法不仅适合于水磨石板材的铺贴,而且适合于各种人造板材、天然石材,如大理石、花岗岩板及大尺寸的陶瓷通体砖、釉面砖、抛光地砖等的粘贴。本节由于篇幅关系,只对"一边跑"方法作实例讲述。请读者依以上原理自己去用对称法为拟题,作模拟,本节不再赘述。

本例找方的数字尺寸只是作者依勾股定理设定的。在工作中施工人员可依具体情况自选数字。为了方便可选一些较常用的数组,记下一些亦是有备无患,如:(3m、4m、5m)、(6m、8m、10m)、(1.8m、2.4m、3m)、(2.4m、3.2m、4m)等。

2. 墙、柱面

水磨石板墙裙的粘贴,一般采用边长 30cm×30cm 以下尺寸的板材,而且粘贴高度一般不超过 2m,如果是柱面,可以适当高至 3m,但不能粘贴到顶,顶部要与上部有一定间隙。由于这类的板材比较厚,质量比较大,一般均采用水泥砂浆粘贴。近年来随着建筑材料业的发展,大理胶、聚合物灰浆等对这类厚板的立面粘贴既能使之牢固又便于操作,很值得采用。水磨石板材粘贴前的找规矩可参照内墙瓷砖的找规矩方法。只是粘贴时要用胶锤振敲牢固。粘贴方法也与瓷砖相似,先在底子灰上弹好若干水平、垂直控制线,另在一边垫铺稳尺(大杠或平木板),在砖背面抹上砂浆,粘贴在相应的位置后用胶锤振平。缝隙用小木片(可用专用的垫缝器)垫平，粘贴完成后，擦净、打蜡，此类不必详述。

3. 踢脚板

水磨石踢脚板的粘贴，是一种比较简单的施工。一般是在地面粘贴完成后进行。施工前把墙面抹灰留下的下部槎口处剔直，把基层上的残余灰浆，剔干净，浇水湿润。一般用刷子刷两三遍即可。踢脚板亦要提前湿润、阴干备用，踢脚板间的缝隙，应与地面缝隙相通直。地面相应部位是小条时，踢脚板也裁成小条。一个房间内可以选定从任意一面墙开始。开始粘时要先把两端板材以地面板材的尺寸裁好(地面是整块，踢脚也是整块；地面是条砖，踢脚也是相同尺寸的条砖)，在地面四周弹出踢脚板出墙厚度的控制线。把两端准备好的两块踢脚板的背面抹上 1：2 水泥砂浆。砂浆的厚度为 8～10mm，稠度为 5～7 度。把抹好砂浆的踢脚板放置于地面块相对应的位置，粘在基层上，用胶锤敲振密实，并与地面上所弹的控制线相符，且要求板的立面垂直(可以用方尺依地面来调整)。然后依两端粘好的踢脚板拉上小线，小线高度与粘好的踢脚板一平，水平方向要晃开两端粘好的踢脚板外棱 1mm。然后，可依照所拉小线和所弹的控制线，把中间的踢脚板逐块粘好，用胶锤振实、调平、调直，完成一面墙后再进行第二面墙上的踢脚板的粘贴，一个房间完成后要用与墙面相同的灰浆把上口留槎部分，分层补好压光后，把踢脚上口清理干净。

（四）陶 瓷 地 砖

陶瓷地砖，包括陶瓷通体砖、抛光砖和釉面砖一类的地砖。这类地砖的粘贴通常只用两种方法。一种是采用干硬性水泥砂浆，经试铺后，揭起再浇素水泥浆实铺，即同水磨石板地面的铺贴方法相同。另一种方法是在地面基层上先采用抹水泥砂浆地面的方法，对基层进行打底、搓平、搓麻和划毛。经养护后，在打好的底子灰上找规矩弹控制线。找规矩的方法可依照水磨石板地面找规矩的方法。粘贴时，把浸过水阴干后的地砖，用掺加30％水质量的108胶搅和的聚合物水泥胶浆涂抹在砖背面。要求抹平，厚度为3～5mm，灰浆稠度可控制在5～7度，随之，把抹好灰浆的板材轻轻平放在相应的位置上，用手按住砖面，向前、后、左、右四面分别错动、揉实。错动时幅度不要过大，以5mm为宜，边错动，边向下压。目的是把粘结层的灰浆揉实，将气泡揉出，使砖下的灰浆饱满，如果板面仍然较小线高出，可用左手轻扶板的外侧，右手拿胶锤以适度的力量振平、振实。在用胶锤敲振的同时，如果板材有移动偏差要用左手随时扶正。每块砖背面抹灰浆时不要抹得太多，要适量，操作过程中，砖面上要保持清洁，不要沾染上较多的灰浆。如果有残留的灰浆要随时用棉丝擦干净。周边的条砖最好随大面，边切割边粘贴完毕。如果地坪中有地漏的地方要找好泛水坡度，地漏边上的砖要切割得与地漏的铁箅子外形尺寸相符合，使之美观。

如果是大厅内地砖的铺设，且中部又有大型花饰图案块材。该处的镶铺应在大面积地面铺完后进行，留出的面积要大于图案块材的面积以便有一定的操作面。镶铺时先在相应的部位抹上一道聚合物灰浆，涂抹的面积要大于板材面积。涂抹后要用靠尺刮平，涂抹的厚度应为板虚铺后高出设计标高3mm为宜。然后应在抹平的粘结层上划出若干道沟槽，随即抬起板材轻轻平放在相应位置上，视板材的大小分别由两人或四人位于板材两边两手叉开平放在板边向里 20～30cm 左右，协调地前、后、左、右错动平揉。边揉边依拉线检查高低和位置，四边完全符线后再用大杠检查中间部位的平整度（因板材面积较大镶铺过程中刚度有变化），局部有较高的可采用平揉或胶锤敲振的方法调治平整。然后刮去余灰把四边用干水泥吸一下，补上预留的操作面板材。

一个房间完成后第二天喷水养护。隔天上去用聚合物灰浆或 1：1 水泥细砂子砂浆勾缝。缝隙的截面形状有平缝、凹缝及凹入圆弧缝等。一般缝隙的截面要依缝宽而定。由于陶瓷地砖是经烧结而成，所以虽经挑选，仍不免有尺寸偏差，所以在施工中一定要留出一定缝隙。一般房小时，缝隙可不必太大，可控制在 2～3mm 为宜，小缝多做成与砖面一平或凹入砖面的一字缝。一般房间较大时，如一些公共场所的商场、饭店等，则应把缝隙适当放大一些，控制在 5～8mm 左右，或再大一点。否则由于砖块尺寸的偏差造成粘贴困难。大缝一般勾成凹入砖面的圆弧形。勾缝可以用鸭嘴、柳叶或特制的溜子。勾缝是地砖施工中一个重要环节。缝隙勾得好，可以增加整体美感，弥补粘贴施工中的不足，即使一个粘贴工序完成比较好的地面，由于缝隙勾得不好，不光、不平、边缘不清晰，也会给人一种一塌糊涂、不干净的感觉。所以在铺贴地砖的施工中，要细心完成勾缝工作。缝隙勾完，擦净后第二天喷水养护。

（五）外 墙 面 砖

操作工艺：打底子→选砖、润砖(润基层)→排砖→弹控制线→设置标志→镶贴面砖勾缝→养护。

外墙面砖为陶质，分上釉和不上釉砖。外墙砖质地较坚硬、耐老化、耐腐蚀、耐久性能良好。外墙面砖在粘贴前，要进行打底子(方法同水泥砂浆墙面打底子)。

在粘贴前要选砖、浸砖(方法同内墙瓷砖选砖、润砖)，阴干后方可粘贴。

在外墙面砖的粘贴中，由于门窗洞口比较多，施工面积大，排砖时需要考虑的因素比较多，比较复杂。所以要在施工前经综合考虑画出排砖图，然后照图施工。排砖要有整体观念，一般要把洞口周边排为整砖，如果条件不允许时，也要把洞口两边排成同样尺寸的对称条砖，而且要求在一条线上同一类型尺寸的门洞口边和条砖要求一致。与墙面一平的窗楣边最好是整砖，由于外墙面砖粘贴时，一般缝隙较大(一般为 10mm 左右)，所以排砖时，有较大的调整量。如果在窗口部分只差 1～2cm 时可以适当调整洞口位置和大小，尽量减少条砖数量，以利于整体美观和施工操作方便。粘贴面砖前，要在底层上依排砖图，弹出若干水平和垂直控制线。在阳角部位要大面压小面，正面压侧面，不要把盖砖缝留在显眼的大面和正面。要求高的工程可采用将角边砖作45°割角对缝处理。由于外墙面积比较大，施工时要分若干施工单元块，逐块粘贴。可以从下向上一直粘贴下去。也可以为了拆架子方便，而从上到下一步架一步架地粘贴。但每步架开始时亦要从这步架的最下开始，向上粘贴。完成一步架后，拆除上边的架子，转入下一步继续粘贴。面砖的粘贴有两种方法。一种是传统的方法，是在基层湿润后，用 1∶3 水泥砂浆(砂过 3mm 筛)刮 3mm 厚铁板糙(现在多采用稍掺乳液或 108 胶)，第二天养护后进行面层粘贴。面层粘结层采用 1∶0.2∶2 水泥石灰混合砂浆，稠度为 5～7 度。粘贴时，要在墙的两边大角外侧，从上到下拉出两道细铁丝，细铁丝要拉紧，两端固定好，两个方向都要用经纬仪打垂直或用大线坠吊垂直。并依照所弹的控制线和大角边的垂直铁丝，把二步架边上的竖向第一块砖先粘贴出一条竖直标筋。然后以两边的竖直标筋为依据拉小线粘贴中间大面的面砖。如果墙面比较长，拉小线不方便时，可以利用两边垂直铁丝线在中间做出若干灰饼，以灰饼为准做出中间若干条竖筋。这样缩短了粘贴时的拉线长度。在粘贴大面前要在所粘贴的这步架最下一行砖的下边，将直靠尺粘托在墙上，并且在尺下抹上几个点灰，用干水泥吸一下使之牢固。粘靠尺和打点灰可用 1 份水泥和 1 份纸筋灰拌和成的 1∶1 混合灰浆。然后在砖背面抹上 8～10mm 厚的 1∶0.2∶2 的混合砂浆。砂浆要抹平，把抹过砂浆的砖放在托尺的上面，从左边标筋边开始一块一块依次贴好，贴上的砖要经揉平并用鸭嘴将之敲振密实，调好位置。粘贴完一行后，在粘好的砖上口放上一根米厘条。在米厘条上边粘贴第二行砖，这样逐块、逐行一步架一步架地直至粘贴完毕。

外墙面砖粘贴的另一种方法，打底、找规矩、镶粘等的方法均与上述相同，只是粘结层采用掺加 30% 水质量 108 胶的水泥 108 胶聚合物灰浆或采用掺加 20% 水质量乳液的水泥乳液聚合物灰浆，这种做法对于打底的平整度要求更高。在比较平整的底层上，粘贴面砖，而且面砖背面所抹灰浆厚度只限于 3～5mm，所以大面的平整度有保证，在粘贴大面时可以不必拉线，施工方便，而且垂直运输灰浆量减少。操作中灰浆吸水速度也比较慢，便于后期调整。近年来又在高层建筑的首层以上部分采用 903 胶、925 胶等建筑用胶，来作为面砖的粘结层。采用这类建筑胶的优点是更能减少粘结层用料，减轻垂直运输量，减轻自重和保证平整度等（采用建筑胶时，只需在砖背面打点胶，不须满抹，按压至基本贴底无厚度或微薄厚度）。特别是采用建筑胶粘贴时，可以不必靠下部粘靠尺和拉横线（采用这种方法粘贴砖体下坠量极小），而直接从上到下、从左到右依次向下粘贴。如果有时稍有微量下坠时，可以暂时不必调整，而继续向前粘贴，待吸水或胶体初凝时，用手轻轻向上揉动使之符合控制线即可。采用建筑胶粘贴时，要在养护后干透的底子上粘贴，以免由于底子灰中水分的挥发而造成脱胶。砖体也不必浸水。在粘贴完一面墙或一定面积后，可以勾缝。勾缝的方法同陶瓷地砖的勾缝方法相同，一般要勾成半圆弧形凹入缝，然后擦净，第二天喷水对缝隙养护。

（六）大理石、花岗石板

大理石板材，花纹美丽、色彩丰富，是高级装饰中的面层用材。但其多数品种质地比较软，易风化，不耐腐蚀，除少数品种外，多于室内的墙、柱、地、台、踏步、梯板、扶手等部位使用。花岗岩板材，质地纯正，品种多样，耐腐蚀能力强。多用于室外墙柱、台阶等部位。但花岗岩板材不耐高湿，约在500℃以上易爆烈，加工时应予注意。这类大型板材的施工有传统的安装法和粘贴法及近年来采用的干挂法。

1. 粘贴法

操作工艺：打底子→选砖、润砖（润基层）、排砖→弹控制线→设置标志→镶贴面砖→勾缝、养护、打蜡、抛光。

粘贴法这里主要指立面的粘贴，粘贴法只适合于板材尺寸比较小，而且粘贴高度比较低的部位。一般板材长边不大于 30cm，粘贴高度在 2.5m 以下和板材长边不大于 40cm，粘贴高度在 2m 以下时采用。而且所粘贴的墙、柱等顶部不能受压，一般要留出不少于 20cm 的距离。

在粘贴前要对结构进行检查，有较大偏差的要提前用 1∶3 水泥砂浆补齐填平，并要润湿基层，用 1∶3 水泥砂浆打底（刮糙），在刮抹时要把抹子放陡一些。第二天浇水养护。然后按基层尺寸和板材尺寸及所留缝隙，预先排板。排板时要把花纹颜色加以调整。相邻板的颜色和花纹要相近，有协调感、均匀感，不能深一块浅一块，相邻两板花纹差别较大会造成反差强烈一片混乱的感觉。板材预排后要背对背，面对面，编号按顺序竖向码放，而且在粘贴前要对板材进行润湿、阴干，以备后用。

对于底层，在粘贴前要依排板位置进行弹线，弹出一定数量的水平和竖直控制线。并依线在最下一行板材的底下垫铺上大杠或硬靠尺，尺下用砂或木楔垫起，用水平尺找出水平。若长度比较大时，可用水准仪或透明水管找水平。并根据板材的厚度和粘贴砂浆的厚度，在阳角外侧挂上控制竖线，竖线要两面吊直，如果是阴角，可以在相邻墙阴角处依板材厚度和粘贴砂浆厚度弹上控制线。

粘贴开始时，应在板材背面，抹上 1∶2 水泥砂浆，厚度为 10～12mm，稠度为 5～7 度。砂浆要抹平，先依阳角挂线或阴角弹线，把两端的第一条竖向板材从下向上按一定缝隙粘贴出两道竖向标筋来。然后以两筋为准拉线从下向上、从左至右逐块逐行粘上去。

粘贴每一块砖要在抹上灰后，贴在相应的位置上并用胶锤敲平、振实，要求横平竖直，每两块板材间的接缝要平顺。阳角处的搭接多为空眼珠线形（图 7-3），也有八字形的。

每两行之间要用小木片垫缝。每天下班前要把所粘贴好的板材表面擦干净。全部粘完后，要经勾缝、擦缝后进行打蜡、抛光。

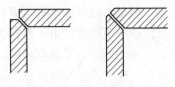

图 7-3 阳角搭接形式

近年来由于建筑材料的发展，在粘贴石材时也常有采用新型大理石胶来粘贴石材面层的。这种胶粘贴效果颇好，施工也很方便，而且可以打破以前的粘贴法受板材尺寸和粘贴高度的限制，可以在较高的墙面上使用较大尺寸的板材。采用大理石胶进行面层粘贴时，要在底层干燥后进行。粘贴时只要在板材背面抹上胶体，用专用的工具——齿形刮尺（图7-4），刮平所抹的胶液，胶液的厚度可用变换齿形刮尺的角度来调整（齿形刮尺在最陡，即与板面呈90°时胶液最厚；齿形刮尺与板面角度越小胶液越薄），胶液刮平后将板材粘贴在相应的位置。用胶锤敲振至平整，振实，调整至平直即可。

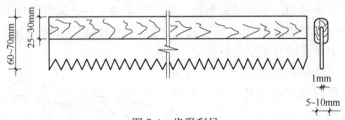

图 7-4 齿形刮尺

2. 安装法

操作工艺：选材、排板、编号→预埋铁件→绑扎钢筋网片→石材打孔→找规矩→石材就位→绑扎铜丝、临时固定→检查、调整→灌浆→擦缝、打蜡。

石材的安装法，即传统的工艺。虽然施工方法比较繁琐，但是粘结牢固性好，因其内部有拉结，即使粘贴层产生空鼓亦不至脱落。由于石材为高级装饰，一旦产生脱落，不易修补。所以为了保险起见，多数工程宁可工序繁琐而造成浪费，也要选择安装法。

安装法在板材安装前亦要依板材尺寸，设计出排板图，并且要严格选材。如有棱角破损的要挑出。然后依花纹、颜色预排板材。相邻板材的花纹、颜色要近似、协调，有不同颜色的板材要逐渐变化，不要一块深一块浅。板材预排后要按顺序编上号。编好号的板材要依序号竖向码放，且相邻码放的板材要面对面、背对背地放置，以免划伤面层。

在要安装板材的结构基层上，要预埋好钢钩或留有焊件，用以绑扎或焊接钢筋网。如果在结构施工中没留有钢钩等埋件时，应依排板图提前在墙基层上打眼埋置埋件等。埋件或钢钩埋置后，待固定灰浆有一定强度时，可以绑扎竖向钢筋。

竖向钢筋的数量应不少于板材竖向的块数。如果板材过宽，则要适当增加竖筋数量，绑扎板材后才具有一定刚度。然后在竖筋上绑扎横向钢筋。横向钢筋最下边一道应距最下一行板材底边 10cm，第二道应比最下一板材的上口低 3cm，以上每道的间距应与板高尺寸相同。

在绑扎钢筋的同时，应进行板材的打孔工作。打孔是在板的上、下两个小面上，位于板宽 1/4 处各打一孔(共四孔)。如果板宽超过 60cm 应在中间增加一孔(共六孔)，孔的直径为 5mm，孔深大于 15mm，孔中心距板背为 8mm 的直孔(图 7-5)。

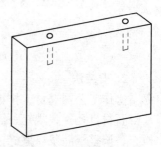

图 7-5　板材打孔示意

如果超厚板材亦作适当变动。打孔后在孔的中心到板背面处锯出 5mm 深的槽，以便绑扎铜丝时，把铜丝卧入槽内。卧铜丝槽见图 7-6。然后，将铜丝（16 号）或不锈钢剪成 20cm 左右长，一头插入孔中，用木楔子蘸环氧树脂铆固住，也可以在钻完直孔后，背面向钻过孔的孔底钻入，使两个方向的孔连通呈"L"形，俗称牛鼻子孔（图 7-7），或使钻头倾斜于小面，由小面钻入，再从背面钻出而形成斜孔（图 7-8）。斜孔和牛鼻子孔也要锯出卧铜丝的小槽。斜孔和牛鼻子孔可以把铜丝的一直头穿入孔中扎绕牢固，留下另一头与钢筋网绑扎。

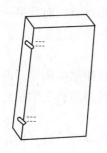
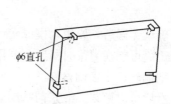

φ6直孔

图 7-6　卧铜丝槽

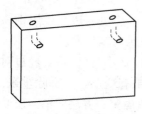

图 7-7　牛鼻子孔

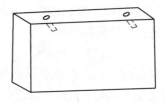

图 7-8　斜孔

　　安装板材前要通过板材的厚度，板材与墙体的距离（包括钢筋网片和粘结层砂浆厚度）吊垂直返到地面上，在地面上弹出外廓边线。然后把需排好的板材就位（最下一行板材），如果下边比较窄，在找平时，最下一行板材底垫不上木杠等，可用木楔垫平。如果下口比较高时要用木杠等垫平，找出水平，而且所垫的木杠不能太宽，要在垫好后能看见所弹的外廓边线。并且准备好小木楔、石膏、牛皮纸等物，搅和好1∶2.5水泥砂浆。

安装开始时，把就位的板材上口外仰，手伸入板背和钢筋网中间，把下边铜丝留出的一头与下边钢筋网中最下一道横筋绑在一起。把板材上口扶正，将上边铜丝露出的一头与第二道横筋扎牢。把标高调好，下边用木楔等物垫水平。用水平尺找出上口水平，立面通过吊线找出垂直，而且第一行砖的底边应与外轮廓线一平。中间的板材要通过拉线，找好平整。

确认无误后，要用木楔或砖块蘸石膏浆临时固定。两侧和下边缝可能在灌浆时漏浆，要用牛皮纸蘸石膏灰浆贴封严密。把铜丝进一步调整好。

然后可以灌浆。灌浆前基层必须经过润湿。最好用小嘴水壶在基层上浇洒一道素水泥稀浆，以利粘结。灌浆时要分层进行，一般第一层灌浆为板高的1/3，但不超过15cm。灌浆采用1∶2.5水泥砂浆，稠度为9～11度。边灌边用小铁条捣固，捣固时要轻，不要碰到铜丝或碰撞板面。

在第一层灌浆初凝后，一般为1～2小时(h)后，经过对板材检查，看是否有变形现象。如果有变形，要拆除重来。如果没有产生变形。可以进行第二道灌浆。方法同第一层灌浆，这样逐层灌浆，最上一层灌浆的上口要低于板材上口5cm的高度，以利于上一行板材铜丝的绑扎和与上一行的首层灌浆一同完成。这样比较利于结合。待第一行板材的最上一道灌浆初凝后，可以把面层的临时固定物铲除掉，擦干净。第二天可以依排板，把第二行板材，按照顺序就位，如前法，把板材上口外仰，把下边铜丝与下层板上口的横向钢筋绑扎好，立直板材，把上口铜丝与上口钢筋绑扎好。把两行板材的缝隙用小木片垫好，通过吊垂直和拉横线的方法把板材调平、调直，再用砖块、木楔等蘸石膏浆临时固定。把缝隙处用牛皮纸蘸石膏浆封严以免跑浆。调整好后，经检查无误后可分层灌浆，第二行板板的第一道灌浆要和第一行板材上口留出部分同时完成。在第一道灌浆初凝后，要经检查，方可进行下一道灌浆。依此方法逐行向上直至全部完成。如果板材比较大时，以防临时固定不牢固，可采用木支架等方法增加其牢固性。而且每次灌浆高度一定要控制，不要太高以免过高的灰浆层产生较大的侧压力，破坏临时牢固，产生板面变形，而造成失败。每天下班前要把板面擦干净。

全部完成后要进行擦缝、打蜡、抛光。一般镜面、光面板材在出厂前均已经过打蜡处理，所以只须擦一、二道包蜡即可。也可以在第一道包蜡后，用布蘸煤油在板材上揉擦一遍，以利蜡汁的吸入。稍待，再擦一道包蜡，经晾置后用干布抛光。

另外由于安装法留设钢筋网片比较繁琐，目前多采用在墙上钻孔，在孔中灌注云石胶(或环氧树脂胶)后将原来与钢筋网片连接的铜丝头卧入钻孔中，取代了钢筋网片而大大提高了安装效率，且能保证质量。

3. 干挂法

操作工艺：排板→板边打孔→弹线、埋挂件→挂板→调整→嵌缝→打蜡。

板材的干挂是采用镀锌及不锈钢等耐锈蚀和耐久性好、

强度较高的挂件(图 7-9),把板材与墙体连挂牢固。

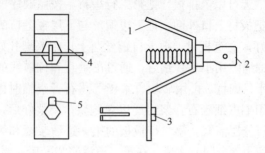

图 7-9　挂件示意

1—3mm 厚挂件主体;2—前后可调带孔螺栓;3—M8 膨胀螺栓

4—ϕ5mm 销子;5—O 形上下可调孔

　　具体方法是,依设计图先排板(方法和要求同前),然后在板材的侧面小边,垂直于小面板的 1/4 高度,上下各钻一个 ϕ5mm,深 3～4cm 的孔(图 7-10)。

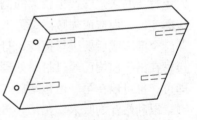

图 7-10　干挂石材钻孔

　　基层上要弹好安装挂件的水平线。水平线要在每行板材弹两道,高低位置要依板材的安装高度和板上钻孔的距离,及挂件综合计算得出。然后在弹线和排板的每块板材竖缝的交点处,用电锤在基层上垂直于墙面,打 ϕ10mm 的孔,深度不大于 4cm。挂板时,可采用流水作业,以提高施工速度,前面有人弹线,中间有人打孔,然后在孔中下好挂件,后边跟人挂板。

　　挂板要从一边开始向另一边挂去。挂时要先把 M8 膨胀螺栓调整一下，先从第一行第一块板的一侧螺栓处开始。初步拧紧螺栓，把第一块板就位，在板材的直孔中用销子把挂件和板穿在一起。板材另一侧，也在同时放好挂件，用销子把挂件和板另一侧穿牢。第二块板是在第一块完成后，利用第一块板材侧边留下一半长度的销子，将第二块板就位，让其边孔对准销子插入，再把另一面的挂件调好用销子把板材和挂件接挂好。如此法逐块、逐行地挂去，直至全部完成。

挂板前要在墙两端挂上小线来控制平整度和垂直度。小线要拉紧，不能有垂度。如果墙面太长时，中间要设挑线。小线要晃开板边棱 1mm，不要顶线以免影响平整和垂直度。每行板材所挂小线要在同一垂直线上。由于挂件上穿过膨胀螺栓的孔呈 O 形，可以做上下调节，而可调螺栓可以通过螺母的拧动调节板材的外出里进，所以在挂板的同时可以边挂边调直、调正，也可以粗略挂好一行板材后，一同调正。

调整好的板材要拧好膨胀螺栓，在孔上抹上环氧树脂。板与板之间留出 3～5mm 缝隙，在缝隙中嵌入膨胀嵌缝条。嵌缝条凹入板面 5mm 深，然后在缝隙内打入硅胶，用特制的小溜子，溜成凹入的半圆弧状。擦净边上残留的硅胶，最后打蜡抛光。

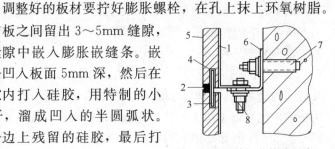

图 7-11　干挂工艺构造示意

1—璃布增强层；2—镶嵌油膏；3—钢玻针；4—长孔(填充环氧树脂粘结剂)；5—板材；6—安装角钢；7—膨胀螺栓；8—禁锢螺栓

干挂法施工的方式较多，虽然工艺有别但原理相通，如图 7-11 和图 7-12 所示，可供读者借鉴，在此不做赘述。

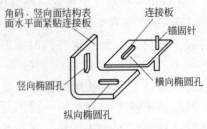

图 7-12　组合挂件三向调节

4. 新工艺法

操作工艺：排板→板边打孔→弹线、基层打孔→装板、调整→灌浆→勾缝、打蜡、抛光。

所谓新工艺法不过是人们对这种工艺的一种习惯叫法，实质上就目前而言，从创用年限上讲已无从言"新"了。这种做法仍为湿法作业，不过是安装法中传统法和干挂法的一种结合，其可以不必绑扎钢筋网片因而节约钢筋，是一种用不锈钢卡具先把板材与基层连接在一起，然后灌浆的一种施工方法。（由于地域的不同、手法的不同目前尚有多种类似做法，现只举一种。）

其具体的施工方法是，先依基层的长、宽和板材的大小及板间的缝隙进行排板，排板的方法和要求同前。然后在每块板的两侧小面下边 1/4 处和上边小面两端 1/4 处钻 $\phi6$mm、35～40mm 深的孔。钻孔时，电钻要垂直于小面（即平行于板材大面），孔中心距板面 8mm。

然后，在基层上弹连接卡具的准线，要求弹线在每行板的下边 1/4 处和上边 1/4 处各一道。即每行板材上弹两道。且应在首行板材的地面上弹出墙面外廓线。安板前，可先拉好小线，控制板材的垂直和平整。也可以把一行板材安放完后，再拉上小线一同调正。安板时，把板就位，用直径5mm的不锈钢丝做成U形卡子，把卡子一头插入板的孔中，用小木楔子(硬木)楔实，卡子另一端插入依弹线和板孔位置交点的基层钻孔中(孔数与板上孔数相同，孔与基层呈45°角，孔径6mm，孔深35～40mm)，用小木楔子轻轻楔上，依线调整后楔实，如此逐块、逐行地安装完毕。

在每安装完一行后要进行灌浆，灌浆采用1∶2水泥砂浆中掺入10%～20%水质量的108胶，灌浆要分层灌注，每层不可过高，以免砂浆产生较大的侧压力使安装好的板材变形、移动。如果发现板材产生移动，要停止灌浆，拆除重来。灌浆的分层和方法可参照安装法的灌浆方法。

这种方法比传统安装方法施工进度稍快，工序也较简单，不须石膏临时固定，面层较洁净。在安放好板材后，要用平头大木楔放在板材和基层中间的板材上口，上平面的钻孔数量也要根据板材边长尺寸不同而增减。如果板长在500mm内，上孔为2个，上边尺寸为500mm以上时要增至3孔，上边尺寸为800mm时应增至4个孔。全部灌完后要清洁面层，然后勾缝、打蜡、抛光。图7-13为新工艺法墙面安装示意图。

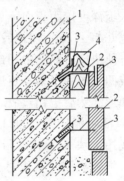

图7-13 板材新工艺法安装示意

1—基体；2—U形钉；3—硬木小楔；4—大头木楔

5. 顶面的镶粘

操作工艺：板材打孔(剔槽)、固定铜丝→基层打孔、固定铜丝→作支架→板材就位、绑固、调整→灌浆→装侧面板。

大型板材在施工中，无论是室内或室外，无论是安装或粘贴，在施工时均要格外重视。如遇到门窗上脸的顶面施工，由于难度较大施工不方便，稍有不慎就可能造成空鼓脱落，所以在施工时要格外注意。

在安装上脸板时，如果尺寸不大，只需在板的两侧和外边侧面小边上钻孔，一般每边钻两孔，孔径 5mm、孔深18mm。将铜丝插入孔内用木楔蘸环氧树脂固定，也可以钻成牛鼻子孔把铜丝穿入，后绑扎牢固。对尺寸较大的板材，除在侧边钻孔外，还要在板背适当的位置，用云石机先割出矩形凹槽，数量适当（依板的大小而增减），矩形槽入板深度以距板面不少于 12mm 为准。矩形槽长 4~5cm，宽 0.5~1cm。切割后用錾子把中间部分剔除，为了剔除时方便快捷可以把中间部分用云石机多切割几下。剔凿后形成凹入的矩形槽，矩形槽的双向截面，均应呈上小下大的梯形。然后把铜丝放入槽内，两端露出槽外，在槽内灌注1：2 水泥砂浆掺加 15% 水重的乳液搅和的聚合物灰浆，或用木块蘸环氧树脂填平凹槽，再用环氧树脂抹平的方法把铜丝固定在板材上（亦可用云石胶代替环氧树脂）（图7-14）。

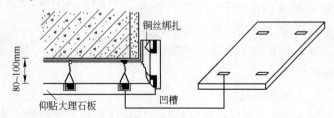

图 7-14　顶面镶粘示意

安装时，把基层和板材背面涂刷素水泥浆，紧接把板材背面朝上放在准备好的支架上，将铜丝与基层绑扎后经找方、调平、调正后，拧紧铜丝，用木楔子楔稳，视基层和板背素水泥的干湿度，喷水湿润（如果素水泥浆颜色较深说明吸水较慢，可以不必喷水）。然后将 1:2 水泥砂浆内掺水质量 15%的水泥乳液干硬性砂浆灌入基层与板材的间隙中，边灌边用木棍捣固，要捣实，捣出灰浆来。3 天后拆掉木楔，待砂浆与基层之间结合完好后，可以把支架拆掉。然后可进行门窗两边侧面板材的安装，侧面立板要把顶板的两端盖住，以加强顶板的牢固。

6. 碎拼石材

碎拼大理石、花岗岩板是利用板材的边角料，用砂浆或胶浆、胶料经构思由多种色彩、图案组合，粘贴成的墙、地等面层。这种工艺施工简单，造价较低，美观大方，自然的效果极强。碎拼石材中又分为规则拼缝和自然拼缝及冰裂纹缝法。

（1）规则拼缝

规则拼缝，是把大小不同的板材均用切割机切割成尺寸不同的正方形、矩形块料。在打好底子的基层上用 1:2 水泥砂浆（可掺加适量的 108 胶或乳液），在板材背面抹上 8～10mm 厚，抹平后可依事先设计方案或即兴发挥粘贴在底子灰上。粘贴前要对底层进行适当的润湿，最好是在底子灰上刮一道素水泥浆，以利粘结牢固。粘贴时应先在墙面的两边拉竖向垂直线，把两边条筋粘出一部分，然后依据条筋，或拉小线、或用大杠（墙较短时）找直、找平，粘贴中间大面板材。规则缝粘贴时，缝隙大小一致，或水平或垂直，不能有斜向缝隙。面层只能通过板块的大小、颜色的变化来调节效果。粘贴完成后把面上擦干净，用砂浆勾缝。如果是立面，可以勾平缝，也可以勾凹入的圆弧缝。碎拼石材可以采用小缝(3mm 以内)，但一般多为大缝(8～10mm)。在采用大缝时，由于板材较厚，所以缝隙较深，勾缝时应分层填平。先用 1：3 水泥砂浆分层填至离板面 5mm 时，待所填抹砂浆六七成干后，再进行最后一层砂浆填抹，抹上后用抹子或圆阴角抹子做圆弧缝吸水后用素水泥浆薄薄再抹上一层压入底层中无厚度，用抹子或圆阴角抹子捋光，把缝边用干净布擦净，也可以在填抹最后一次砂浆时采用 1：2 水泥砂浆(砂子过 3mm 筛)直截捋光，擦净。第二天喷水养护。

(2) 自然拼缝

自然拼缝又称随意拼缝。这种方法是在用 1：3 水泥砂浆打底后，经划毛、养护后，在底子灰上用 1：2 水泥砂浆(掺加适量 108 胶或乳液)，把大小不同、颜色各异、形状多样的石材板块拼粘在墙、地上，形成一种自然、洒脱的风格。这样工艺的缝隙可要求大小一致，也可以大小有别，特别是在平面(地面)，可以在较大的缝隙里填抹与板材颜色比较协调的水泥石子浆，然后经磨平、磨光，缝隙有横有竖亦有斜，立体感、自然感极强。

其粘贴方法是先在底子灰上适当湿润，板材要扫净背面浮土，刷一下水待用。粘贴前在底子灰上刮一道素水泥浆。另在墙两端依板材厚度和粘结砂浆厚度拉出竖向垂直控制线。粘贴时，在板材背面抹一层 8～10mm 厚的 1：2 水泥砂浆，抹平后依立线把竖向两边的两道竖筋先粘出一定高度，然后依两边条筋拉线或用大杠找平，粘贴中间的大面板块。如果是平面也应先拉水平线把两边近阴角处先铺出二道边筋，用大杠、靠尺等靠平，再依据边筋，从前向后退铺中间大面板块。这种缝隙做法做出来效果较佳，但比较难，因为自然拼缝关键强调自然。在粘贴中一定要达到自然协调的效果，决不可生硬、死板，这需要有一定的经验，审美水准和艺术性。施工中没有任何条条框框，只需创意，要在实践中摸索和研究。这种施工方法在粘好板块后勾缝时，立面可以勾平缝、凹入缝或凸缝。平缝只要用砂浆抹平压光即可。凹入缝要在勾平缝的基础上，最后一层砂浆初凝前用圆阴角抹子或钢筋溜子在抹好压光的缝隙上溜出凹入的圆弧来。凸缝是在抹平后在缝隙上面用鸭嘴按缝隙的走向在缝隙中堆起一道砂浆灰梗，砂浆采用1∶2水泥砂浆，灰梗宽1～2cm，厚1cm左右，随用铁皮特制的阳角圆弧捋角器(图7-15)捋出一道凸出的圆弧来，然后把捋过圆弧边上的平缝用鸭嘴压修一遍。第二天养护。如果是平面，一般要做成平缝，平缝可以采用水1∶2～1∶2.5的水泥石子浆，抹填时要高于地面12mm，抹压的方法可参照水磨石地面做法，待水泥石子浆达到一定强度时，进行分道磨平、磨光，最后要擦净、打蜡、抛光。

图7-15　圆弧捋角器

（3）冰裂纹缝

冰裂纹缝法施工只限于平面施工。这种施工方法的成品效果更加趋于自然。如果施工得好，产生的效果会令人对施工方法发生兴趣，对施工技艺赞叹不已，对装饰技术有新的认识。冰裂纹地面的具体施工方法是先在基层上，用1∶3水泥砂浆打底(也可用豆石混凝土)，待底子达到一定强度时，在上面做面层，与水泥砂浆地面操作方法相同。面层的粘贴与自然拼缝相似处是在底子灰上刮一道水泥浆后把板背面抹上一层水泥砂浆将之粘贴在底子上，所不同的是自然拼缝多用异色块材，而且全部用不同规则形状的板材，而冰裂纹则尽量采用同样质地、相同颜色的板材，且不论形状，多以大块料为好。在粘贴时要先把大尺寸块材间隔地粘贴在底层上，粘贴后的板材不要急于振平、振实。在向后退铺出60～80cm，人伸手能够到时，用铁锤把铺过的石板敲裂，裂纹要尽量整齐，不要粉碎，裂纹越均匀越好，大尺寸的块材多敲几下，小块材要少敲或不敲，敲过后虽然开裂，但缝隙较小，这时要用鸭嘴把开裂的缝隙拨至理想大小，然后把大块料的间隙用尺寸和形状相当的小块料补上。如果有适合的小块材料，可以随时用铁锤破开来用，这一部分填好后，可以看一下是否自然，且要换一个角度或后退几步变换距离来看一下，不满意可以调整，满意后用一块厚25～40mm、边长400mm的木板平铺在石板上由前向后、由左到右，依次用胶锤敲振木板，把下边的石材振打平实。然后用大杠检查一下，如果有过高的要个别敲振平整。并用笤帚把打碎的石屑扫干净。再向后退粘下一工作面，直至全部退出。

经适度养护后，可上去填缝，填缝多用水泥砂浆分层填抹，最后抹平压光，冰裂纹多用平缝。而且缝不宜太大，一般5～8mm为宜。因为破裂的板材，虽有缝隙的分隔，但仍有槎口吻合的感觉。如果缝隙过大或采用凹缝，都会减弱和消逝了这种感觉，则冰裂纹将失去应有的效果和意义。冰裂纹又称冰炸纹，应使人在看到全部或某一局部时有一种一块冰或玻璃等脆性物质被重物迅击炸裂的效果，主要强调自然。冰裂纹的缝隙也可以用同样石材粉碎后的石渣作骨料拌制成的水泥石子浆填抹、磨平、磨光，后打蜡抛光。碎拼石材，在打底后粘贴面层时也可以不用水泥砂浆而用掺加水质量20％的108胶拌制的水泥108聚合物灰浆，或掺水质量15％的乳液拌制的水泥乳液聚合物灰浆粘贴更佳。

八、细部抹灰

细部抹灰，主要是指建筑物某个部位的操作方法。对于抹灰，不同的部位虽然存在一定共性，但也各有各的特性，即有不同的操作程序和方法。

（一）檐口抹灰

檐口是建筑物最高的部位，按所用材料和工艺的不同，分为水泥砂浆檐口抹灰、干粘石檐口抹灰、水刷石檐口抹灰、面砖及石材檐口粘贴等。檐口在施工前要于两边大角拉线检查一下偏差值的大小。如果是预制钢筋混凝土板可以通过拉线和眼穿法用撬棍撬动，下边塞木楔子来调直，然后用笤帚清扫干净，底面如果在预制时粘有砂土要用钢丝刷子清刷，把个别凸出的石子凿剔平整，并用水冲洗湿润后，用1：3水泥砂浆把每两块檐板间的缝隙勾平。如果缝隙比较大时，要在板底吊木板模，在上边用1：3水泥砂浆或1：2：4水泥砂豆石拌制的豆石混凝土灌严、捣实，隔天拆除板模，视基层干湿度，酌情浇水润湿。然后用1：3水泥砂浆打底，打底可分两遍进行，第一遍可不粘卡靠尺，只用肉眼穿着抹，先把立面（内外）抹上一层厚度为8mm的砂浆，涂抹时抹子要从立面下部和与底边一齐处或低于底边5mm处向上推抹子，以使下部阳角处灰浆饱满不缺灰，抹子要一直推到上阳角把灰浆卷过上阳角的顶面处，在里边立面也抹完的同时，再于上边小面上打灰，使之与外立面上口卷过来的灰成一体，用抹子反复抹压使之粘结牢固。然后把底面用素水泥浆刮抹一道薄薄的粘结层，紧跟抹底面水泥砂浆，涂抹时要把抹子从外阳角处开始向里推抹，把下边阳角处的灰浆抹饱满。第一遍打底均要求用力，使之粘结牢固，抹子可以放陡一些，类似刮糙。第二遍打底，可在第一遍灰浆四五成干后进行，这遍要用八字靠尺刷水，排好，总长要与檐口长度相等，然后在立面下边阳角处抹上粘尺灰，粘尺灰要抹得均匀，然后在其上反粘八字靠尺，靠尺的高低，以檐口的底面能抹上灰浆为准。要拉线找直，或用眼穿直，用抹子在尺面上刮几下，使靠尺粘牢固。然后在檐底内墙上弹出抹底控制线（这道线也可以在第一遍打底前弹出），外边依靠尺，里边依弹线，把檐口的底面抹平，用软尺刮平，用木抹子搓平，在涂抹过程中，如果底层吸水较快要适当洒水润湿后再抹，在抹底面底子灰的同时，可以把檐口的上顶小平面也抹好，抹上顶面时可在内外两侧立面上部反贴八字尺，用卡子把双尺卡牢，依下边抹好的底面为依据用卷尺量出檐口外部，两边上、下两靠尺的宽度尺寸（依设计要求的立面高度，两边尺寸要一致），然后拉线依所量两点为据，把外尺调直，然后依外尺把内尺调直（要求里边比外边稍低一些，使雨水流入内天沟中），上顶小平面用木抹子搓平后，把上顶面的里外靠尺拆掉，将里边靠尺正放在上顶小平面上，用外尺正托在抹好的底面近外角处。用大卡子把上下尺卡住，调整好靠尺，调尺时应以立面能抹上灰为准。先把底尺的两端调好，拉线，依线把中间尺调直，再依下尺为准，把上靠尺调直，要求上下尺要在同一垂直线上。把立面下口所粘的靠尺用抹子敲几下，取下靠尺，在立面依上下靠尺抹上水泥砂浆，砂浆要抹平，并依上下靠尺刮平，用木抹子搓平。稍待用抹子把靠尺向里敲几下，使靠尺向里平移，露出阳角 1mm 后，摘下卡子，拆下靠尺。第二天，可以抹檐口面层灰。

抹面层灰前在打过底子灰的底面距底边阳角 20mm 处弹出一道粘米厘条的控制线。然后在线的里侧紧弹线用卡子，卡上一道靠尺，把浸泡过水的米厘条小面抹上一道素水泥浆，紧贴靠尺外边粘在抹好的底面上，并用素水泥浆把米厘条外侧边抹上小八字灰，待小八字灰浆吸水后，把粘米厘条的靠尺向里平移 20mm，把米厘条里侧也抹上小八字素灰浆。然后可依前方法在立面下部的底子灰上打粘尺灰，把靠尺粘贴在立面(反粘靠尺)下部阳角处，使靠尺边棱与米厘条表面一平(在同一水平位置)或稍低于米厘条表面(图 8-1)。

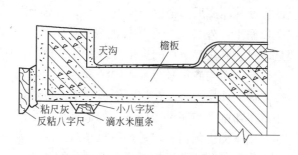

图 8-1　檐口粘米厘条、靠尺示意

然后，在米厘条两侧与所粘靠尺和里侧所卡靠尺的中间部分，先刮一道素水泥浆，紧跟用 1：2.5 水泥砂浆抹平，压实。抹压过程中，要把米厘条表面和靠尺边上的砂浆刮干净，米厘条和靠尺的边棱抹压清晰，以便起出米厘条和取掉靠尺后砂浆的棱角尖挺、清晰。在抹下部檐的同时或之后，可以把立面上部和内立面上部打上灰反粘八字尺，如同打底粘尺的方法。要求外尺要高于里尺，以使上部小顶平面向内坡去，使雨水流入内天沟内（图8-2）。内外两道尺要平行，立面外部上、下两道尺亦要平行（檐口立面要高度一致）。然后把上顶小平面用砂浆抹平、压光。

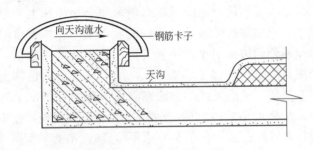

图 8-2　檐口上部用尺示意

上部顶面抹压完后，把内、外靠尺拆下，刮干净，把内尺正铺在顶面上，外尺正托在抹好的底檐上，用卡子卡住，拉小线把下尺先调正，下尺的里出外进要依底檐的设计宽度而定。上尺要调至与底尺平行且在同一垂直线上，调好靠尺后可以抹立面的面层砂浆。在抹面层前要把上下原粘八字尺留下的小八字角削至与靠尺边一齐，削上尺小八字时，要用抹子贴靠尺由下向上削（斜上）；削下尺小八字时，要用抹子贴靠尺由上向下削（斜下）。抹面层灰时要分两道完成，第一道要薄薄先抹一层，然后跟抹至与上下靠尺一平，抹完后用小靠尺从一头向另一头错动着刮平。随后用木抹子搓平，钢板抹子压光。稍收水后再压一遍。然后用抹子把上、下靠尺依次向里敲动一下，用一手托住底尺把卡子取下，再把底尺取下，然后把里边抹底檐平托的靠尺取下。另将上顶靠尺向内平移调整好，用砖压牢，把里面的立面抹好，压光后取掉靠尺，把各条阳角用小靠尺和抹子修压一遍。把表面通压一遍，把下檐米厘条起出（如果抹灰层已经比较干，可以隔天再起），再将缝隙用素水泥浆勾一下。第二天，再把底部大面用纸筋灰罩面，罩面前要适当浇水湿润，罩面分两遍成活，方法可参照内墙抹纸筋灰的方法。

（二）门窗套口抹灰

门窗套口，多是为了起装饰作用。门窗套口有两种形式。一种是结构突出于墙面，与窗台、腰线相似，在门、窗口的一周砌砖时挑砌出突出于墙面6cm的线型来。另一种是不出砖檐，只是在抹灰时，把侧膀和正面用水泥砂浆抹出套口来。或者两边侧边及上脸不出檐，只有窗台出檐的窗套。门窗套口施工时，要拉线，把同一层高的套口做在一条水平线上，且要突出墙面的尺寸一致。上脸和出檐窗台的底部要做出滴水。出檐的上脸顶部与窗台上面要抹出泛水坡度。一般要求立边两侧膀的正面与侧边呈90°。出檐的门窗套口一般先抹两侧立膀，再抹上脸（一般上脸均为钢筋混凝土预制品，吸水较慢，常采用先打底后作成），最后抹窗台（窗套）。涂抹时要在正面打灰粘尺（反贴）把侧面和底面抹好，然后平移靠尺把另一侧面和上面抹好，然后在抹好的两面上正卡八字尺把正面抹好。不出檐的套口涂抹时，先在阳角正面反粘八字尺把侧面抹好，上脸部先把底面抹好，窗台则先把台面抹好。然后翻尺，正贴在里侧，把正面一周灰条抹好。灰条的外边棱角，可以通过先粘靠尺后抹灰或先抹灰（宽于设计宽度）后于正面贴尺切割的方法来完成。

（三）坡 道 抹 灰

坡道是为使车辆驶入，而在室内、外有高差的建筑门前而设置的通道。坡道有光面坡道，防滑条、防滑槽坡道，糙面坡道和礓磋坡道等。

1. 光面坡道

光面坡道有水泥砂浆面层坡道和混凝土坡道，坡道的构造层次一般素土夯实，100mm 厚 3：7 灰土，60mm 厚 C10 混凝土，如果上车坡道要 100～120mm 厚混凝土。如果是水泥砂浆面层坡道，在打混凝土时要搓平、搓麻。在基层干燥后经洒水扫浆后，与抹水泥砂浆地面相同，用 1：2.5 水泥砂浆抹面压光，交活前用刷子横向扫一遍。混凝土坡道，在打混凝土时用 C15 混凝土，随打随压。

2. 防滑条、防滑槽坡道

防滑条、防滑槽坡道的施工是在光面水泥砂浆的基础上为防坡道过滑，在抹面层 1：2 水泥砂浆时纵向每间隔 150～200mm 镶一根短于坡道横向尺寸每边 100～150mm 的米厘条，抹完面层后起出米厘条，在糟内填抹 1：3 水泥金刚砂浆，并用护角抹子捋出高于面层 10mm 的凸出灰条，初凝前用刷子蘸水，刷出金刚砂，即成为防滑条坡道。

防滑槽坡道同防滑条的施工，只是起出米厘条，即成，不填金刚砂浆，也可以在镶条时镶成多种图案增加美观。

3. 糙面坡道

糙面坡道是在铺设的坡道混凝土基层上，先用 1：2 水泥砂浆将坡道的周边抹出一定宽度的镜边池。然后在中间大面上填抹水泥石渣或水泥豆石灰浆，再如同水刷石的方法，经反复拍压带浆等工序，最后用刷子蘸水把表面水泥浆刷掉，露出平整均匀的石子来，以增加坡道的摩擦，达到防滑的目的。

4. 礓磜坡道

礓磜坡道又称槎极道、倒齿坡道(踏步)。礓磜的操作是在铺设的混凝土基层上，先用 1∶3 水泥砂浆依设计要求抹出坡面，要求底层要平整，横向两边的坡度要一致，并且要把坡面两侧的三角坡面先用 1∶2.5 水泥砂浆抹平、压光。

抹面时要用四面光的长方形截面的靠尺，尺的宽度和厚度要依设计要求而定，如果设计无要求时，可采用厚为 6～10mm，宽为 40～80mm，具体尺寸要依坡道的大小而定。如果坡道比较大，靠尺截面尺寸也大一些，反之靠尺截面尺寸也应稍小些，第一步开始，要把靠尺平铺在坡面的最上边，然后，以靠尺下边的上棱角为准，后边以坡面为准，用 1∶2.5 水泥砂浆抹出一条小斜面来(图 8-3)，要求所抹小斜面的宽度要两边一致，而且每步宽度要控制尺寸一致，不然全部完成后，所有礓磜的阳角将不在一条直线上，有高有低。小斜面抹上后，视干湿度如何，可以在小斜面上洒上

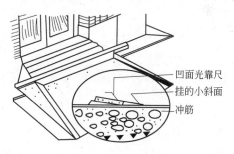

凹面光靠尺
挂的小斜面
冲筋

图 8-3　礓磜踏步施工

1：1水泥砂子干粉吸一下水，然后用木抹子搓平，用钢抹子压光。做好一步后把靠尺取下，按设计要求的宽度，把靠尺后退铺在抹好的小斜面灰条上，用米尺量好宽度，如前方法抹第二步，每次靠尺后移的尺寸要一致，抹完一定步数，视吸水程度适时上去修理。修理时，要依原来靠尺的位置放置，放好靠尺把小斜面用抹子压一遍，然后把靠尺取出平铺在压过的小斜面上，使尺棱边与所抹小斜边的阳角一齐，用阴角抹子把阴角捋实捋出光来。然后取下靠尺把面上轻走（压）一下，可进行下一步的修理。有时为了保存阳角不被破坏，在修理时要用踢脚板专用阳角抹子，把阳角捋光。

九、季节施工与安全

（一）冬期施工

我国地域宽广，幅员辽阔，四季温差极大，大约在北方全年最高温差为 70℃以上，而且负温度时间延续近 5 个月之久。抹灰的砂浆在温度变化的作用下，也会出现开裂、起皮等现象，所以冬期施工也是一个技术性的问题。一般连续 5 天，最高温度不超过 5℃，或当天温度不超过－3℃时，应按冬期施工法施工。冬期抹灰施工依温度的高低程度和工程对施工的要求，可分为冷作法和热作法。

1. 冷作法

冷作法，是通过在砂浆中掺入化学外加剂（如氯化钠、氯化钙、漂白粉、亚硝酸钠），以降低砂浆的冰点，来达到砂浆抗冻的目的。但存在所掺加的化学外加剂对结构中的钢筋有腐蚀作用，增加砂浆的导电性能，砂浆干燥后化学剂会不断在抹灰层表面析出，使抹灰层上的油漆等粉刷层脱皮，影响美观等问题。所以在一些对绝缘要求高的建筑中，如发电所、变电站，及一些质量要求较高的建筑中不得使用。冷作法施工的砂浆的配合比及化学外加剂的掺入量，应按设计要求或通过实验室试验后决定。如无设计要求和试验能力可参考以下方法。

（1）在砂浆中掺入氯化钠时，要依当日气温而定，具体可参考表 9-1。

砂浆中掺入氯化钠与大气温度的关系　　　　表 9-1

项　　　目	室外大气温度（℃）				备　　注
	−3～0	−6～−4	−8～−7	−14～−9	
墙面抹水泥砂浆	2	4	6	8	掺量均以百分率计
挑檐、阳台雨罩抹水泥砂浆	3	6	8	10	
贴面砖、陶瓷锦砖	2	4	6	8	

（2）氯化钠的掺入量是按砂浆中总含水量计算而得，因砂子和石灰膏中均有含水量，所以要把石灰膏和砂的含水量计算出来综合考虑。砂子的含水量可依砂的用量多少，通过试验测定出砂子的含水率。砂的含水率可依下式：

含水率＝（未烘干砂子质量－烘干后砂子质量）/未烘干砂子质量×100%，而再用砂子含水率乘以用量得出含水量。

石灰膏的含水量可依石灰膏的稠度与含水率的关系计算出。石灰膏的稠度与含水率的关系见表 9-2。

石灰膏稠度与其含水率的关系　　　　表 9-2

石灰膏稠度（cm）	含水率（%）	石灰膏稠度（cm）	含水率（%）
1	32	8	46
2	34	9	48
3	36	10	50
4	38	11	52
5	40	12	54
6	42	13	56
7	44		

（3）采用氯化钠作为化学附加剂时，应由专人配制溶液。方法是先在两个大桶中，放入 20％浓度的氯化钠溶液，而在另外两个大桶放入清水。在搅拌砂浆前，把清水桶中放入适量的浓溶液，稀释成所需浓度。测定浓度时可用比重计先测定出溶液的密度，再依密度和浓度的关系和所需浓度兑出所需密度值的溶液。密度与浓度的关系可参照表 9-3。

密度与浓度的关系 表 9-3

浓度（％）	1	2	3	4	5	6	7
密度（kg/cm³）	1.005	1.013	1.020	1.027	1.034	1.041	1.049
浓度（％）	8	9	10	11	12	25	
密度（kg/cm³）	1.056	1.063	1.071	1.078	1.086	1.189	

（4）砂浆中漂白粉的掺入量要按比例掺入水中，先搅拌至融化后，加盖沉淀 1～2h，澄清后使用。漂白粉掺入量与温度之间关系可参见表 9-4。

氯化砂浆中漂白粉掺入量与温度的关系 表 9-4

大气温度（℃）	−12～−10	−15～−13	−18～−16	−21～−19	−25～−22
每 100kg 水中加入的漂白粉量（kg）	9	12	15	18	21
氯化钠水溶液密度（g/cm³）	1.05	1.06	1.07	1.08	1.09

当大气温度在 −25～−10℃之间时，对于急需的工程，可采用氯化砂浆进行施工。但氯化钠只可掺加在硅酸盐水泥及矿渣硅酸盐水泥中，不能掺入高铝水泥中，在大气温度低于 −26℃时，不得施工。

冷作法施工时，调制砂浆的水要进行加温，但不得超过

35℃。砂浆在搅拌时，要先把水泥和砂先行掺合均匀，再加氯化水溶液搅拌至均匀，如果采用混合砂浆，石灰膏的用量不能超过水泥重量的一半。砂浆在使用时要具有一定的温度。砂浆的温度可依气温的变化而不同。砂浆的温度可参考表 9-5。

氯化砂浆的温度与大气温度的关系　　表 9-5

室外温度(℃)	搅拌后的砂浆温度(℃)	
	无风天气	有风天气
−10～0	10	15
−20～−11	15～20	25
−25～−21	20～25	30
−26 以下时	不宜再施工	不宜再施工

冷作法抹灰时，如果基层表面有霜、雪、冰，要用热氯化钠溶液进行刷洗，基层融化后方可施工。冻结后的砂浆要待砂浆融化后，搅拌均匀后方可使用。拌制的氯化砂浆要随拌随用，不可停放。抹灰完成后，不能浇水养护。

冷作法施工的具体操作基本与通常抹灰相似。

2. 热作法

热作法，是通过各种方法提高环境温度，以达到防冻目的的施工方法。

热作法一般多用于室内抹灰，对于室外一些急需工程，而且工程量也不很大时，可以通过搭设暖棚的方法进行施工。热作法施工时，环境温度要在 5℃以上，要把门窗事先封闭好。室内要进行采暖，采暖的方式可通过正式工程的采暖设备，如果无条件，要采用搭火炉的方法。但使用火炉时，要用烟囱，并要有通风措施，以免煤气中毒。所用的材料要进行保温和加热，如淋灰池、砂浆机处都要搭棚保温，砂子要通过蒸汽或在铁盘上炒热或火炕加热。水要通过蒸汽加热或大锅烧水等方法加热。运输砂浆的小车要有保温覆盖的草袋等物。房间的入口要设有棉布门帘保温。施工用的砂浆，要在正温房间及暖棚中搅拌，砂浆的使用温度应在5℃以上，一般采用水或砂加热的方法来提高砂浆温度。但拌制砂浆的水要低于80℃，以免水泥产生假凝现象。热作法的操作与常温下操作方法相同，但是，抹灰的基层温度要在5℃以上，否则要对基层提前加温，对于结构中采用冻结法施工的砌体，需在加热解冻后方可施工。在热作法施工过程中，要有专人对室内进行测温，室内的环境温度以地面以上50cm处为准。

（二）雨 期 施 工

雨期施工，要对所用材料进行防雨、防潮管理。水泥库房要封闭严密，顶、墙不能渗水和漏水，库房要设在地势较高的地方。水泥的进料要有计划，一次不能进料过多，要随用随进，运输和存放时不能受潮。

拌合好的砂浆要避雨运输，一般在阴雨时节施工，砂浆吸水较慢，所以要控制用水量，拌合的砂浆要比晴天拌合的砂浆稠度稍小一些。砂子的堆放场地也应在较高的地势之处，不能积水，必要时要挖好排水沟。搅拌砂浆时加水量要包括砂子所含的水量。

饰面板、块也要在室内或搭棚存放，如果经长时间雨淋后，在使用时一定要阴干直至表面水膜退去后方可使用，以免造成粘贴滑坠和粘贴不牢而空鼓。

麻刀等松散材料一定不能受潮，要保持干燥、膨松状态。

抹灰施工时，要先把屋面防水层做完后，再进行室内抹灰，在室外抹灰时，要掌握好当天或近几日气象信息，有计划地进行各部的涂抹。在局部涂抹后，如果在未凝固前要降雨，需进行遮盖防雨，以免被雨水冲刷而破坏抹灰层的平整和强度。在雨季施工时，基层的浇水湿润，要掌握适度，该浇水的要浇水，浇水量要依据具体情况而定，不该浇水的一定不能浇水，而且对局部被雨水淋透之处要阴干后才能在其上涂抹砂浆，以免造成滑坠、鼓裂、脱皮等现象。要把整个雨季的施工，作一整体计划，采用相应的若干措施，做到在保证质量的前提下，进行稳步生产。

（三）安 全 生 产

安全生产是党和国家保护劳动人民的一项重要政策。在施工生产中，每个管理人员和施工人员都必须牢记"安全生产，人人有责"，牢固树立安全第一的意识，积极主动地参加各种安全活动，认真学习国家制定的《建筑安装工程安全技术规程》及五项规定等一系列有关安全生产的文件，提高安全素质，减少施工人员安全事故的发生。

施工人员要严格遵守各项安全生产和现场的各项安全生产规章制度。施工人员进入现场和进行抹灰作业时必须：

（1）要戴好安全帽，高空作业要系好安全带。

（2）高空作业时，工作人员必须要对所使用的架子进行安全检查；架子的立杆下面要铺垫木脚手板或绑有扫地杆以防下沉，平杆与立杆之间的卡扣要拧紧拧牢。小横杆间距不得大于 2m，而且不能滑动。脚手板并排铺设不少于三块，不能有探头板。每步架要设有护身栏杆，并挂好安全网，下部要设挡脚板，架子必须牢固，不得摆动。单排架子要与结构拉结好，双排架子要有斜支撑，为了增加刚度要按规定加设剪刀撑。

（3）架子上的料具堆放，要分散有序，不能集中堆放，一般每平方米不能超过 270kg，使用的工具要放平稳，如大杠、靠尺等较长的工具不能竖立放置，以免坠落伤人。所使用的板材等，一定要码放平稳，防止滑落伤人。

（4）运送料具时，要把脚下的路铺平稳，小推车不能装得过满，以免溢出，小推车不能倒拉，而且不能运行太快，转弯时要注意安全，不要碰到堆放的料具和操作人员。

（5）施工人员在施工中不能在架子的某局部集中，以免超荷，造成安全事故。

（6）在零星抹灰时，不要为了省事而利用暖气管、片及输水管线条等作为搭设架子的支撑，以免造成安全事故。

（7）在进行机械喷涂抹灰和砂浆中掺合物中有毒物的抹灰施工时，要配戴好眼镜、面具、手套、工作服及胶靴等劳动保护用品。

（8）在搅拌灰浆和抹灰的操作中要注意防止灰浆溅入眼内。

（9）在坡面施工时，操作人员要穿软底鞋，要有防滑措施。

（10）在抹灰的操作中特别是在架子上，要防止因卡子滑脱，或躲闪他人及工具、小车等造成的失重而引起的坠落，要防止有弹性的工具由于操作不慎弹出而造成的伤人事故。

（11）在室外抹灰作业时，严格禁止私自拆除架子上任何部位及各种防护口位置的安全设施。必须拆除时，要上报工程安全主管人员，在征得同意后，一般由架子工负责拆除。

（12）施工人员不得翻跃外架子和乘坐运料专用吊栏。

（13）施工中照明的临时用电，应采用安全电压，如果电路上出现故障，要由专人负责检查、维修，无操作证的人员严禁私自乱动。

在抹灰作业中使用机械时，要做到：

（1）遵守安全规程，经集中或单独培训，了解机械的性能和操作方法，持证上岗操作。

（2）不该私自开动的机械要严禁使用，使用无齿锯、云石机、打磨机等操作时，面部不能直对机械，使用机械设备要戴防护罩。

（3）使用砂浆机和灰浆机搅拌操作时，不要用手或脚近料口处直接送料，亦不可在机械运转时，用铁锹、灰镐、木棒等拨、刮、通、送料物，在倒料时，要先拉电闸再用灰镐、铁锹等工具进行扒灰，不可在机械转动中用工具扒灰，以免发生事故。

在冬期施工中，室外架子的脚手板要经常打扫，以防霜雪过滑造成失稳而发生事故。在室内要防止煤气中毒和防火等工作，例如使用气体作燃料采暖时，要有防爆措施。在雨期施工中，要对机械设备做好防护，以免造成漏电事故。在室外施工时，要对架子进行防护和经常检查。如有下沉变形现象，要及时修整。并且在雨季施工中，要做好排水准备和相应的排水措施，同时要注意防止雷电伤人，要有相应的准备和措施。

总之，每个施工和管理人员均应树立一定的安全意识，在安全和进度发生矛盾时，要考虑安全第一。每个操作者都不能违章作业，在发现有不安全隐患时，要及时向上级或越级汇报，并可依法规拒绝施工。

十、质量检测与评定标准

（一）各种抹灰质量标准

1. 一般抹灰

本部分适用于石灰砂浆抹灰，水泥砂浆抹灰、水泥混合砂浆抹灰、聚合物水泥砂浆抹灰和麻刀石灰、纸筋石灰、石膏灰等一般抹灰工程的质量验收。一般抹灰分为普通抹灰和高级抹灰，当设计无要求时，按普通抹灰验收。

（1）主控项目

抹灰前基层表面的尘土、污垢、油渍等应消除干净，并应洒水润湿。

检查方法：检查施工记录。

一般抹灰所用的材料品种和性能应符合设计要求。水泥的凝结时间和安定性复验应合格。砂浆的配合比应符合设计要求。

检验方法：检验产品合格证书、进厂验收记录、复验报告和施工记录。

抹灰应分层进行。当抹灰总厚度大于或等于 35mm 时，应采取加强措施。当采用加强网时，加强网与各基体的搭接宽度不应小于 100mm。

检验方法：检查隐蔽工程验收记录和施工记录。

抹灰层与基层之间及各抹灰层之间必须粘接牢固，抹灰层应无脱层，面层应无爆灰和裂缝。

检验方法：观察，用小锤轻击检查，检查施工记录。

（2）一般项目

一般抹灰工程的表面应符合下列规定：

1）普通抹灰表面应光滑、洁净、接槎平整、分格缝应清晰。

2）高级抹灰应表面光滑、洁净、颜色均匀、无抹纹、分格缝和灰线应清晰美观。

检查方法：观察、手摸检查。

护角、孔洞、槽、盒周围的抹灰表面应整齐、光滑，管道后面的抹灰表面应平整。

检查方法：观察。

抹灰层的总厚度应符合设计要求；水泥砂浆不得抹在石灰砂浆层上；罩面石灰膏不得抹在水泥砂浆层上。

检查方法：检查施工记录。

抹灰分格缝的设置应符合设计要求，宽度和深度应均匀，表面应光滑，棱角应整齐。

检查方法：观察、尺量检查。

有排水要求的部位应做滴水线（槽）。滴水线（槽）应整齐顺直，滴水线应内高外底，滴水槽的宽度和深度为10mm。

检查方法：观察、尺量检查。

一般抹灰工程质量的允许偏差和检验方法应符合表10-1的规定。

2. 装饰抹灰工程

本部分适用于水刷石、斩假石、干粘石、假面砖等装饰抹灰工程的质量验收。

一般抹灰的质量允许偏差和检验方法　　表 10-1

项次	项目	允许偏差(mm)		检查方法
		普通抹灰	高级抹灰	
1	立面垂直度	4	3	用 2m 托线板与尺检查
2	表面平整度	4	3	用 2m 靠尺和楔形塞尺检查
3	阴、阳角方正	4	3	用直角尺检查
4	分格缝(条)平直	4	3	拉 5m 线,不足 5m 拉通线,用钢尺检查
5	墙裙、勒脚上口平直度	4	3	拉 5m 线,不足 5m 拉通线,用钢尺检查

注:1. 普通抹灰,本表第 3 项阴角方正可不检查;

　　2. 顶棚抹灰,本表第 2 项表面平整度可不检查,但应顺平。

(1) 主控项目

抹灰前基层表面的尘土、污垢、油渍等应消除干净,并应洒水润湿。

检查方法:检查施工记录。

装饰抹灰工程用的材料品种和性能应符合设计要求。水泥的凝结时间和安定性复验应合格。砂浆、石子浆的配合比应符合设计要求。

检验方法:检验产品合格证书、进厂验收记录、复验报告和施工记录。

抹灰供应分层进行。当抹灰总厚度大于或等于 35mm 时,应采取加强措施。不同材料基体交接处表面的抹灰,应采取防止开裂的加强措施,当采用加强网时,加强网与各基体的搭接宽度不应小于 100mm。

检验方法:检查隐蔽工程验收记录和施工记录。

各抹灰层之间及抹灰层与基层之间必须粘接牢固,抹灰层应无脱层、空鼓和裂缝。

检验方法：观察、用小锤轻击检查，检查施工记录。

（2）一般项目

装饰抹灰工程的表面质量应符合下列规定：

1）水刷石表面应石粒清晰，分布均匀、密实平整、色泽一致，应无掉粒和接槎痕迹。

2）斩假石表面剁纹应均匀顺直。

3）干粘石表面应色泽一致，不露浆、不漏粘，石粒应粘结牢固、分布均匀，阳角处应无明显黑边。

4）假面砖表面应平整、沟纹清晰、留缝整齐、色泽一致，应无掉角、脱皮、起砂等缺陷。

检验方法：观察、手摸检查。

装饰抹灰粉各条(缝)的设置应符合设计要求，宽度和深度应均匀，表面应平整光滑，棱角应整齐。

检查方法：观察。

有排水要求的部位应做滴水线(槽)。滴水线(槽)应整齐顺直，滴水线应内高外低，滴水槽的宽度和深度均不小于10mm。

检查方法：观察、尺量检查。

装饰抹灰工程质量的允许偏差和检验方法应符合表10-2的规定。

装饰抹灰的质量允许偏差和检验方法　　　　表 10-2

项次	项　　目	允许偏差(mm)											
		水刷石	水磨石	斩假石	干粘石	假面砖	拉条灰	拉毛灰	洒毛灰	喷砂	喷涂	滚涂	弹涂	仿石彩色抹灰
1	表面平整	3	2	3	5	4		4		4		3		3
2	阴、阳角垂直	4	2	3	4	—		4		4		4		4

项次	项　目	允许偏差(mm)												
		水刷石	水磨石	斩假石	干粘石	假面砖	拉条灰	拉毛灰	洒毛灰	喷砂	喷涂	滚涂	弹涂	仿石彩色抹灰
3	立面垂直	5	3	4	5	5	5			5	5			3
4	阴、阳角方正	3	2	3	4	4	4			3	4			3
5	墙裙上口平直	3	3	3	—	—								3
6	分格条(缝)平直	3	2	3	4	3				3	3			3

注：水刷石、斩假石、干粘石、假面砖、拉灰毛等装饰抹灰，表中第4项阴角方正可不检查。

3. 饰面板(砖)镶贴(安装)的允许偏差和检验方法(表10-3)

饰面安装工程的质量允许偏差　　　　表 10-3

项次	项　目	允许偏差值(mm)									
		天然石					人造石			饰面板	
		光面	镜面	粗磨面	麻面	条纹面	天然面	水磨石	水刷石	釉面砖	外墙面砖	陶瓷锦砖
1	表面平直	1		3			—	2	4		2	
2	立面垂直	2		3			—	2	4		2	
3	阳角方正	2		4			—	2	—		2	
4	墙裙上口平直	2		3		3	2	3		2		
5	接缝高低	0.3		3		—	5	3	室内1，室外 0.5			
6	接缝平直	2		4		5	3	4	2	3	2	
7	接缝宽度	0.5		1		2	5	2				

4. 整体地面的允许偏差和检验方法（表10-4）

整体地面的允许偏差   表 10-4

项次	项 目	允许偏差（mm）						
		细石混凝土原浆抹灰	水泥砂浆	沥青混凝土砂浆	普通水磨石	美术水磨石	碎拼大理石	钢屑水泥菱苦土
1	表面平直	5	4	4	3	2	3	4
2	踢脚线上口平直	4	4	4	3	3	—	—
3	接缝平直	3	3	3	3	2	—	3

（二）质量检查方法

1. 检测工具

检测质量的工具有 2m 托线板、楔形塞尺、20cm 方尺、10g 小金属锤、小白线（表 10-5）。

检测工具   表 10-5

顺序	工具名称	制作材料	用 途	简图（单位：mm）
1	2m 托线板及线锤	红白松木	检查表面凹凸及垂直用	
2	塞尺	铝竹或木	检查表面凹凸和方正用	

序号	工具名称	制作材料	用　途	简图（单位：mm）
3	方尺	木或铝制	检查角的方正用	
4	小锤	8号铅丝	敲击抹灰层粘结是否牢固	

2. 检查点的选择

对室内平顶和墙面抹灰，抽查不小于10％的自然间，每自然间为一个检查单元，每单元检查点数量如表10-6所示。礼堂、厂房按两轴线为1间，抽查不少于3间。

室内抹灰每单元检查点数量　　　　　　表10-6

检查项目	顶　棚		墙　面						
	灰线平直	梁的阴、阳角平直	墙平整面	墙面垂直	阴、阳角垂直	阴、阳角平整	阴、阳角方正	墙裙上口平直	分格条平直
检查点数	2	2	8	2	2	2	2	2	2

室外以4m左右为一检查层，每20m抽查一处，每处3m，但不少于3处。对地面抹灰，按有代表性的自然间抽查10％，过道按10m为一处，每处检查点数量如表10-7所示。

地坪检查点数量　　　　　　表10-7

检查项目	表面平整	踢脚上口平直	镶条分格平直
检查点数	6	2	3

126

附 录

Ⅰ 每立方米石灰砂浆的材料用量表

配合比(体积比)		1：1	1：2	1：2.5	1：3	1：3.5
名 称	单位	数 量				
生石灰	kg	411.0	282.1	242.4	213.2	189.9
净干砂	m³	0.640	0.879	0.944	0.996	1.036
水	m³	0.455	0.382	0.364	0.341	0.358

Ⅱ 每立方米水泥砂浆的材料用量表

配合比(体积比)		1：1	1：2	1：2.5	1：3	1：3.5	1：4
名 称	单位	数 量					
强度等级 32.5 水泥	kg	811.9	517.1	437.6	379.4	334.8	299.6
净 干 砂	m³	0.680	0.866	0.916	0.953	0.981	1.003
水	m³	0.359	0.349	0.347	0.345	0.344	0.343

Ⅲ 每立方米混合砂浆的材料用量表

配合比(体积比)		1：0.3：3	1：0.5：4	1：1：2	1：1：4	1：1：6	1：3：9
名 称	单位	数 量					
强度等级 32.5 水泥	kg	360.7	281.6	397.4	261.2	194.5	121.0
生石灰	kg	58.1	75.7	213.6	140.4	104.50	195.03
净干砂	m³	0.906	0.943	0.665	0.875	0.977	0.911
水	m³	0.352	0.353	0.390	0.364	0.344	0.364

Ⅳ 每立方米水泥石渣浆的材料用量表

配合比(体积比)		1:1	1:1.25	1:1.15	1:2	1:2.5	1:3
名称	单位	数 量					
强度等级 32.5 水泥	kg	956.3	861.6	766.9	640.3	549.4	481.2
黑白石子	m³	1.167	1.285	1.404	1.563	1.667	1.762
水	m³	0.279	0.267	0.255	0.240	0.229	0.221

Ⅴ 每立方米其他砂浆的材料用量表

项 目		石灰黏土砂浆 1:1:6	素水泥浆	麻刀灰浆	麻刀混合灰浆	纸筋灰浆
名 称	单位	数 量				
强度等级 32.5 水泥	kg		1888.0		60.0	
生 石 灰	kg	103.5		633.8	633.8	554.4
净 干 砂	m³	0.967				
黏 土	m³	0.160				
纸 浆	kg					152.90
麻 刀	kg			10.23	10.23	
水	m³	0.222	0.393	0.695	0.695	0.608

Ⅵ 石灰的体积及重量换算参考表

石灰成分 (块:末)	在密实状态下每立方米重量(kg)	每立方米粉化灰用生石灰重量(kg)	每立方米生石灰粉化的体积(m³)	每立方米灰膏用生石灰重量(kg)
10:0	1470	335.4	2.814	—
9:1	1453	369.6	2.706	—
8:2	1439	382.7	2.613	571
7:3	1426	399.2	2.505	602

128

石灰成分 (块：末)	在密实状态下每 立方米重量(kg)	每立方米粉化灰 用生石灰重量(kg)	每立方米生石灰 粉化的体积(m³)	每立方米灰膏用 生石灰重量(kg)
6：4	1412	417.3	2.396	636
5：5	1395	434.0	2.304	674
4：6	1379	455.6	2.195	716
3：7	1367	475.5	2.103	736
2：8	1354	501.5	1.994	820
1：9	1335	526.0	1.902	—
0：10	1320	557.7	1.739	—

参 考 文 献

[1]　梁玉成编．建筑识图．北京：中国环境出版社，1995．

[2]　薄遵彦主编．建筑材料．北京：中国环境出版社，2002．

[3]　严征涛编著．建筑工程概论．武汉：武汉工业大学出版社，1989．

[4]　李福慎编．抹灰工．北京：中国环境出版社，1997．